# 生态环境应急监测实用工具手册

中国环境监测总站　编著



中国环境出版集团・北京

**图书在版编目（CIP）数据**

生态环境应急监测实用工具手册/中国环境监测总站编著. —北京：中国环境出版集团，2023.6
ISBN 978-7-5111-5539-9

Ⅰ. ①生… Ⅱ. ①中… Ⅲ. ①生态环境—环境监测—中国—手册 Ⅳ. ①X835-62

中国国家版本馆 CIP 数据核字（2023）第 107245 号

**出 版 人** 武德凯
**责任编辑** 曲 婷
**封面设计** 彭 杉

**出版发行** 中国环境出版集团（100062 北京市东城区广渠门内大街 16 号）
网 址：http：//www.cesp.com.cn 电子邮箱：bjgl@cesp.com.cn
联系电话：010-67112765（编辑管理部） 发行热线：010-67125803，010-67113405（传真）

**印 刷** 玖龙（天津）印刷有限公司 **开 本** 880×1230 1/64
**经 销** 各地新华书店 **印 张** 1.625
**版 次** 2023 年 6 月第 1 版 **字 数** 70 千字
**印 次** 2023 年 6 月第 1 次印刷 **定 价** 12.00 元

# 编　委　会

主　编：毛玉如　刘廷良　康晓风

副主编：张　颖

编　委：吕天峰　程建华　冯　涛　李胜玲　许克宇

# 前　言

生态环境应急监测（以下简称应急监测）是生态安全体系的重要组成部分，是深入打好污染防治攻坚战的重要支撑，是生态环境突发事件应急处置和生态环境损害鉴定评估的重要基础。近年来，全国生态环境监测系统成功应对了一系列重特大和敏感突发环境事件，应急监测工作取得了重大进展和积极成效，积累了丰富的实战经验。为了巩固完善全国生态环境应急监测体系，进一步提升全国生态环境应急监测能力，生态环境部办公厅印发了《关于加强生态环境应急监测工作的意见》（环办监测〔2018〕40 号）、《重特大突发水环境事件应急监测工作规程》（环办监测函〔2020〕543 号）、《生态环境应急监测能力建设指南》（环办监测函〔2020〕597 号）、《重特大突发环境事件空气应急监测工作规程》（环办监测函〔2022〕231 号）等系列文件，要求在应急监测和应急能力建设过程中坚持问题导向、目标导向，持续健全生态环境应急监测管理体系和技术体系，支撑生态环境应急管理的需要。

为了进一步提升各级环境监测机构的应急监测能力和响应效率，强化应急监测技术体系，中国环境监测总站根据上述系列文件精神，结合各地应急监测工作中的常见问题，组织编制了《生态环境应急监测实用工具手册》，供各地在开展应急监测时参考使用。

# 使用说明

应急监测的主要目的是迅速查明污染物的种类、污染程度、污染范围以及污染发展的态势，及时、准确地为决策部门提供可靠的决策依据。当发生突发环境事件时，首先应当确定要监测的项目，即选择正确的特征污染物。其次是确定监测点位和监测频次，编写相应的监测方案，制订监测工作计划。然后选择相应的评价标准，依据监测数据，对事态进行评估。最后根据监测结果编制应急监测报告，提交给决策部门作为决策的可靠依据。

特征污染物的选取数量不宜过多，最好选择超标倍数最大的污染因子。评价标准一般遵循地方标准优先于行业标准，行业标准优先于国家标准的选用原则。

# 目 录

# 1 重特大突发水环境事件应急监测工作规程

《重特大突发水环境事件应急监测工作规程》（环办监测函〔2020〕543 号）是为了有效应对重特大突发水环境事件、确保应急监测工作有序开展，按照快速及时、准确可靠、数据说话、支撑决策的原则所制定的规范性工作程序。适用于因污染物排放或自然灾害、生产安全事故等引起，初判为重特大突发水环境事件的应急监测。不适用于海洋突发环境事件应急监测。

## 1.1 突发水环境事件应急监测的特征污染物选取

突发水环境事件应急监测的特征污染物，一般是事件中排放量较大或超标倍数较高，对水生态环境有较大影响，可以表征事态发展的污染物。特征污染物的选取要根据事件类型、生产工艺、污染源特征等信息，并结合事件发生地河流沿线水质的本底值情况和应急监测初筛结果来确定，不宜选取过多。特征污染物的选取还应考虑原生污染物的物理化学性质、是否有可以使用的监测方法、是否有评价标准或要求。必要时需增加监测指标或开展水质全项目监测。

## 1.2　突发水环境事件应急监测的断面布设

监测断面的布设以准确掌握污染团移动情况为核心，以实时监控污染物浓度变化为目标。总体上应当遵循“13353”原则的要求，即每 10～20 km 布设 1 个监测断面；每个监测断面配备 3 辆采样车和 3 组采样人员；每 50 km 布设一个实验室；每个实验室配备 3 组人员（样品检测人员、数据汇总分析和报告编制人员）。当污染带超过 100 km 时，可适当增加断面间距。

采样位置应避开死水区、回水区、排污口，尽量选择河床稳定、水流平稳、水面宽阔、无急流、无浅滩的顺直河段；还应考虑交通状况、人员安全等因素，确保采样的可行性和方便性。采样断面应当按照《突发环境事件应急监测技术规范》（HJ 589—2021）的相关规定要求确定断面编号。因应急监测方案调整在原断面之间增设断面的，应按照断面设置的先后顺序依序编号，不可变更已有断面序号。具体的断面选取规范参照《地表水环境质量监测技术规范》（HJ 91.2—2022）、《污水监测技术规范》（HJ 91.1—2019）等技术规范的要求执行。

### 1.3 突发水环境事件应急监测的监测频次

应急初期，控制断面原则上每1～2小时开展一次监测，待摸清污染变化规律后，可适当减少监测频次。各断面监测时间应同步。在事故点下游未受到污染的情况下，用于发布信息的断面、可能受到污染物影响的水源地控制断面、省界断面等必须在监测报告中体现的断面，原则上每天监测次数不少于1次。监测方案中具体的监测频次，需根据处置情况和污染物浓度变化态势进行动态调整。

### 1.4 突发水环境事件应急监测的仪器/方法

突发水环境事件应急监测仪器/方法的选用应当遵循三个基本原则：

①目标导向，因地制宜原则。以支撑环境应急处置需求为目标，根据监测能力、现场条件、方法优缺点等选择适宜的监测方法，保障监测效率和数据质量。

②快速便捷，智能高效原则。现场应急监测仪器智能化水平、集成度较高，轻便易携、操作简便，有较强的抗干扰能力，能适应不同情况的监测需要。

③标准优先，方法统一原则。在满足环境应急处置需要的前提下，优先选择行业或国家标准规定的监测方法，同一应急阶段尽量统一监测方法。

同时，应急监测仪器/方法的选用还应当满足三个要求：

①快速。所使用仪器设备集成度、智能化水平较高，操作简便、易于携带，有较强的抗干扰能力，耗材试剂用量小，对样品的前处理要求低或自带样品快速前处理装置，能直接读取数据。

②准确。能对目标污染物定量或半定量，监测精度满足工作需求，具备一定的质量保证和质量控制措施。所用仪器设备应定期核查，确保主要技术指标和功能满足工作要求。

③规范。尽可能选择国家标准、行业标准及行业认可的应急监测方法，若应急监测仪器设备采用国外标准、等效方法、文献方法、自研方法等其他方法，应制定作业指导书。

根据应急监测方法的选用原则和要求，从《地表水环境质量标准》（GB 3838—2002）中选取了部分项目，匹配了在环境事件突发时可以采用的快速监测仪器设备和应急监测方法，以供参考（表 1-1）。

表 1-1　突发水环境事件应急监测仪器/方法及评价标准一览表

| 序号 | 监测项目 | 应急监测推荐方法/仪器 | 参考标准 | 标准限值/（mg/L） | 其他信息 |
|---|---|---|---|---|---|
| 1 | pH | ①便携式水质多参数测定仪；②pH 试纸 | 《地表水环境质量标准》（GB 3838—2002）Ⅲ类 | 6～9（量纲一） | — |
| 2 | 高锰酸盐指数 | ①便携式分光光度计；②便携式连续流动分析仪；③便携式流动注射分析仪 | 《地表水环境质量标准》（GB 3838—2002）Ⅲ类 | 6 | — |
| 3 | 化学需氧量（COD） | 便携式分光光度计 | 《地表水环境质量标准》（GB 3838—2002）Ⅲ类 | 20 | — |

| 序号 | 监测项目 | 应急监测推荐方法/仪器 | 参考标准 | 标准限值/（mg/L） | 其他信息 |
|---|---|---|---|---|---|
| 4 | 氨氮（$NH_3$-N） | ①便携式分光光度计；<br>②便携式连续流动分析仪；<br>③便携式流动注射分析仪；<br>④便携式气相分子吸收光谱仪 | 《地表水环境质量标准》（GB 3838—2002）III类 | 1.0 | — |
| 5 | 总磷（以P计） | ①便携式分光光度计；<br>②便携式连续流动分析仪；<br>③便携式流动注射分析仪 | 《地表水环境质量标准》（GB 3838—2002）III类 | 0.2（湖、库0.05） | — |
| 6 | 总氮（湖、库，以N计） | ①便携式分光光度计；<br>②全自动流动注射分析仪；<br>③便携式流动注射分析仪；<br>④便携式气相分子吸收光谱仪 | 《地表水环境质量标准》（GB 3838—2002）III类 | 1.0 | — |

| 序号 | 监测项目 | 应急监测推荐方法/仪器 | 参考标准 | 标准限值/（mg/L） | 其他信息 |
| --- | --- | --- | --- | --- | --- |
| 7 | 铜 | ①车载电感耦合等离子体质谱仪；<br>②车载电感耦合等离子体发射光谱仪；<br>③便携式水质重金属测定仪 | 《地表水环境质量标准》（GB 3838—2002）III类 | 1.0 | — |
| 8 | 锌 | ①车载电感耦合等离子体质谱仪；<br>②车载电感耦合等离子体发射光谱仪；<br>③便携式水质重金属测定仪 | 《地表水环境质量标准》（GB 3838—2002）III类 | 1.0 | — |
| 9 | 氟化物（以$F^-$计） | ①电极法；<br>②便携式离子色谱仪 | 《地表水环境质量标准》（GB 3838—2002）III类 | 1.0 | 氟化物稳定溶解在水体中 |

| 序号 | 监测项目 | 应急监测推荐方法/仪器 | 参考标准 | 标准限值/（mg/L） | 其他信息 |
|---|---|---|---|---|---|
| 10 | 硒 | ①车载电感耦合等离子体质谱仪；<br>②车载电感耦合等离子体发射光谱仪 | 《地表水环境质量标准》（GB 3838—2002）III类 | 0.01 | 硒的化合物稳定溶解于水体中，通常以 $SeO_3^{2-}$ 和 $SeO_4^{2-}$ 离子态存在于水体中 |
| 11 | 砷 | ①车载电感耦合等离子体质谱仪；<br>②车载电感耦合等离子体发射光谱仪；<br>③便携式分光光度计 | 《地表水环境质量标准》（GB 3838—2002）III类 | 0.05 | 砷的化合物在水体中能够稳定溶解，通常以阴离子砷酸根形态存在于水体中 |
| 12 | 汞 | 便携式测汞仪 | 《地表水环境质量标准》（GB 3838—2002）III类 | 0.000 1 | — |
| 13 | 镉 | ①车载电感耦合等离子体质谱仪；<br>②车载电感耦合等离子体发射光谱仪；<br>③便携式水质重金属测定仪 | 《地表水环境质量标准》（GB 3838—2002）III类 | 0.005 | 镉的化合物稳定溶解；通常以离子态存在于水体中 |

| 序号 | 监测项目 | 应急监测推荐方法/仪器 | 参考标准 | 标准限值/（mg/L） | 其他信息 |
|---|---|---|---|---|---|
| 14 | 铬（六价） | ①便携式分光光度计；<br>②便携式流动注射分析仪 | 《地表水环境质量标准》（GB 3838—2002）Ⅲ类 | 0.05 | 通常以阴离子铬酸根状态存在于水体中 |
| 15 | 铅 | ①车载电感耦合等离子体质谱仪；<br>②车载电感耦合等离子体发射光谱仪；<br>③便携式水质重金属测定仪 | 《地表水环境质量标准》（GB 3838—2002）Ⅲ类 | 0.05 | 铅的化合物能够稳定溶解；通常以离子态存在于水体中 |
| 16 | 氰化物 | ①便携式分光光度计；<br>②便携式连续流动分析仪；<br>③便携式流动注射分析仪 | 《地表水环境质量标准》（GB 3838—2002）Ⅲ类 | 0.2 | 氰化物能够稳定溶解于水体中。多有剧毒，口腔黏膜和消化道能充分吸收 |
| 17 | 挥发酚 | ①便携式连续流动分析仪；<br>②便携式流动注射分析仪 | 《地表水环境质量标准》（GB 3838—2002）Ⅲ类 | 0.005 | 水体中挥发酚超标时有明显的有机物气味 |

| 序号 | 监测项目 | 应急监测推荐方法/仪器 | 参考标准 | 标准限值/（mg/L） | 其他信息 |
|---|---|---|---|---|---|
| 18 | 石油类 | 便携式测油仪 | 《地表水环境质量标准》（GB 3838—2002）III类 | 0.05 | 大量油进入水体时在水体表面形成油膜，导致鱼类窒息死亡 |
| 19 | 阴离子表面活性剂 | ①便携式连续流动分析仪；<br>②便携式流动注射分析仪 | 《地表水环境质量标准》（GB 3838—2002）III类 | 0.2 | 能够稳定溶解在水体中；超标时有大量气泡产生 |
| 20 | 硫化物 | ①便携式分光光度计；<br>②便携式连续流动分析仪；<br>③便携式气相分子吸收光谱仪；<br>④便携式流动注射分析仪 | 《地表水环境质量标准》（GB 3838—2002）III类 | 0.2 | — |
| 21 | 粪大肠菌群 | 多管发酵法 | 《地表水环境质量标准》（GB 3838—2002）III类 | 10 000 个/L | — |

| 序号 | 监测项目 | 应急监测推荐方法/仪器 | 参考标准 | 标准限值/（mg/L） | 其他信息 |
|---|---|---|---|---|---|
| 22 | 硫酸盐（以 $SO_4^{2-}$计） | 便携式离子色谱仪 | 《地表水环境质量标准》（GB 3838—2002） | 250 | 硫酸盐能够稳定溶解；通常以离子态存在于水体中 |
| 23 | 氯化物（以 $Cl^-$计） | ①便携式离子色谱仪；②便携式分光光度计 | 《地表水环境质量标准》（GB 3838—2002） | 250 | 氯化物能够稳定溶解；通常以离子态存在于水体中 |
| 24 | 硝酸盐（以 N 计） | ①便携式离子色谱仪；②便携式分光光度计 | 《地表水环境质量标准》（GB 3838—2002） | 10 | 硝酸盐通常以离子态存在于水体中 |
| 25 | 铁 | ①车载电感耦合等离子体质谱仪；②车载电感耦合等离子体发射光谱仪；③便携式水质重金属测定仪 | 《地表水环境质量标准》（GB 3838—2002） | 0.3 | 铁超标通常是可溶性铁盐溶解，是以离子态存在于水体中。铁离子超标浓度较高时，水体呈浅黄色 |

| 序号 | 监测项目 | 应急监测推荐方法/仪器 | 参考标准 | 标准限值/（mg/L） | 其他信息 |
| --- | --- | --- | --- | --- | --- |
| 26 | 锰 | ①车载电感耦合等离子体质谱仪；<br>②车载电感耦合等离子体发射光谱仪；<br>③便携式水质重金属测定仪 | 《地表水环境质量标准》（GB 3838—2002） | 0.1 | 通常以离子态存在于水体中 |
| 27 | 三氯甲烷 | ①便携式气相色谱-质谱联用仪；<br>②便携式气相色谱仪 | 《地表水环境质量标准》（GB 3838—2002） | 0.06 | 熔点（℃）：−63.5<br>密度（$g/cm^3$）：1.48<br>CAS：67-66-3<br>不溶于水的无色透明重质液体，与水有明显分层 |
| 28 | 四氯化碳 | ①便携式气相色谱-质谱联用仪；<br>②便携式气相色谱仪 | 《地表水环境质量标准》（GB 3838—2002） | 0.002 | 熔点（℃）：−23<br>密度（$g/cm^3$）：1.595<br>CAS：56-23-5<br>不溶于水的无色透明液体，与水有明显分层 |

| 序号 | 监测项目 | 应急监测推荐方法/仪器 | 参考标准 | 标准限值/（mg/L） | 其他信息 |
|---|---|---|---|---|---|
| 29 | 三溴甲烷 | ①便携式气相色谱-质谱联用仪；<br>②便携式气相色谱仪 | 《地表水环境质量标准》（GB 3838—2002） | 0.1 | 熔点（℃）：8<br>密度（$g/cm^3$）：2.89<br>CAS：75-25-2<br>微溶于水的无色重质液体 |
| 30 | 二氯甲烷 | ①便携式气相色谱-质谱联用仪；<br>②便携式气相色谱仪 | 《地表水环境质量标准》（GB 3838—2002） | 0.02 | 熔点（℃）：−97<br>密度（$g/cm^3$）：1.325<br>CAS：75-09-2<br>微溶于水的无色透明易挥发液体 |
| 31 | 1,2-二氯乙烷 | ①便携式气相色谱-质谱联用仪；<br>②便携式气相色谱仪 | 《地表水环境质量标准》（GB 3838—2002） | 0.03 | 熔点（℃）：−35<br>密度（$g/cm^3$）：1.256<br>CAS：107-06-2<br>无色透明液体 |

| 序号 | 监测项目 | 应急监测推荐方法/仪器 | 参考标准 | 标准限值/（mg/L） | 其他信息 |
|---|---|---|---|---|---|
| 32 | 环氧氯丙烷 | ①便携式气相色谱-质谱联用仪；<br>②便携式气相色谱仪 | 《地表水环境质量标准》（GB 3838—2002） | 0.02 | 熔点（℃）：−25.6<br>密度（$g/cm^3$）：1.18<br>CAS：106-89-8<br>易溶于水的无色液体。有强烈的刺激作用 |
| 33 | 氯乙烯 | ①便携式气相色谱-质谱联用仪；<br>②便携式气相色谱仪 | 《地表水环境质量标准》（GB 3838—2002） | 0.005 | 熔点（℃）：−153.8<br>密度（$g/cm^3$）：$2.77\times10^{-6}$<br>CAS：75-01-4<br>微溶于水的无色、有醚样气味的气体。轻度中毒时会出现眩晕、胸闷、嗜睡、步态蹒跚等症状 |
| 34 | 1,1-二氯乙烯 | ①便携式气相色谱-质谱联用仪；<br>②便携式气相色谱仪 | 《地表水环境质量标准》（GB 3838—2002） | 0.03 | 熔点（℃）：−122<br>密度（$g/cm^3$）：1.218<br>CAS：75-35-4<br>不溶于水的无色液体 |

| 序号 | 监测项目 | 应急监测推荐方法/仪器 | 参考标准 | 标准限值/（mg/L） | 其他信息 |
| --- | --- | --- | --- | --- | --- |
| 35 | 1,2-二氯乙烯 | ①便携式气相色谱-质谱联用仪；<br>②便携式气相色谱仪 | 《地表水环境质量标准》（GB 3838—2002） | 0.05 | 熔点（℃）：–57<br>密度（g/cm$^3$）：1.243<br>CAS：540-59-0<br>不溶于水的无色透明液体 |
| 36 | 三氯乙烯 | ①便携式气相色谱-质谱联用仪；<br>②便携式气相色谱仪 | 《地表水环境质量标准》（GB 3838—2002） | 0.07 | 熔点（℃）：–87.1<br>密度（g/cm$^3$）：1.46<br>CAS：79-01-6<br>难溶于水的无色透明液体，有类似氯仿的气味。短时间内接触大量该品可引起急性中毒 |

| 序号 | 监测项目 | 应急监测推荐方法/仪器 | 参考标准 | 标准限值/（mg/L） | 其他信息 |
| --- | --- | --- | --- | --- | --- |
| 37 | 四氯乙烯 | ①便携式气相色谱-质谱联用仪；<br>②便携式气相色谱仪 | 《地表水环境质量标准》（GB 3838—2002） | 0.04 | 熔点（℃）：−22.2<br>密度（$g/cm^3$）：1.63<br>CAS：127-18-4<br>不溶于水的无色液体，有氯仿样气味。非常高浓度会导致晕眩、头痛、恶心、有睡意等 |
| 38 | 氯丁二烯 | ①便携式气相色谱-质谱联用仪；<br>②便携式气相色谱仪 | 《地表水环境质量标准》（GB 3838—2002） | 0.002 | 熔点（℃）：−130<br>密度（$g/cm^3$）：0.958<br>CAS：126-99-8<br>稍溶于水的无色、有特殊刺鼻气味的易挥发液体 |

| 序号 | 监测项目 | 应急监测推荐方法/仪器 | 参考标准 | 标准限值/（mg/L） | 其他信息 |
|---|---|---|---|---|---|
| 39 | 六氯丁二烯 | ①便携式气相色谱-质谱联用仪；<br>②便携式气相色谱仪 | 《地表水环境质量标准》（GB 3838—2002） | 0.000 6 | 熔点（℃）：−19<br>密度（g/cm$^3$）：1.682<br>CAS：87-68-3<br>不溶于水的无色至淡黄色液体。可经皮肤吸收 |
| 40 | 苯乙烯 | ①便携式气相色谱-质谱联用仪；<br>②便携式气相色谱仪； | 《地表水环境质量标准》（GB 3838—2002） | 0.02 | 熔点（℃）：−30.6<br>密度（g/cm$^3$）：0.902<br>CAS：100-42-5<br>不溶于水的无色透明油状液体 |
| 41 | 甲醛 | 便携式分光光度计 | 《地表水环境质量标准》（GB 3838—2002） | 0.9 | 熔点（℃）：−92<br>密度（g/cm$^3$）：0.815<br>CAS：50-00-0<br>易溶于水的液体。对皮肤、黏膜有刺激作用 |

| 序号 | 监测项目 | 应急监测推荐方法/仪器 | 参考标准 | 标准限值/（mg/L） | 其他信息 |
|---|---|---|---|---|---|
| 42 | 乙醛 | 便携式分光光度计 | 《地表水环境质量标准》（GB 3838—2002） | 0.05 | 熔点（℃）：−123<br>密度（$g/cm^3$）：0.7834<br>CAS：75-07-0<br>能与水互溶的无色易流动液体，有刺激性气味 |
| 43 | 丙烯醛 | ①便携式气相色谱-质谱联用仪；<br>②便携式气相色谱仪 | 《地表水环境质量标准》（GB 3838—2002） | 0.1 | 熔点（℃）：−87.7<br>密度（$g/cm^3$）：0.84<br>CAS：107-02-8<br>溶于水的液体，其蒸气有很强的刺激性和催泪性。有强烈刺激性。皮肤接触可致灼伤 |

| 序号 | 监测项目 | 应急监测推荐方法/仪器 | 参考标准 | 标准限值/（mg/L） | 其他信息 |
| --- | --- | --- | --- | --- | --- |
| 44 | 三氯乙醛 | ①便携式气相色谱仪；<br>②便携式分光光度计 | 《地表水环境质量标准》（GB 3838—2002） | 0.01 | 熔点（℃）：–57.7<br>密度（$g/cm^3$）：1.51<br>CAS：75-87-6<br>能与水发生化合反应的无色易挥发油状液体。对皮肤和黏膜有强烈的刺激作用 |
| 45 | 苯 | ①便携式气相色谱-质谱联用仪；<br>②便携式气相色谱仪 | 《地表水环境质量标准》（GB 3838—2002） | 0.01 | 熔点（℃）：5.5<br>密度（$g/cm^3$）：0.88<br>CAS：71-43-2<br>难溶于水的有致癌毒性的无色透明液体。挥发性大，吸入或皮肤接触大量苯会引起急性和慢性苯中毒 |

| 序号 | 监测项目 | 应急监测推荐方法/仪器 | 参考标准 | 标准限值/（mg/L） | 其他信息 |
| --- | --- | --- | --- | --- | --- |
| 46 | 甲苯 | ①便携式气相色谱-质谱联用仪；<br>②便携式气相色谱仪 | 《地表水环境质量标准》（GB 3838—2002） | 0.7 | 熔点（℃）：−94.9<br>密度（g/cm³）：0.872<br>CAS：108-88-3<br>极微溶于水的无色、带特殊芳香味的易挥发液体。可致眼结膜及咽部充血、头晕、头痛、恶心、呕吐、胸闷、四肢无力等症状 |
| 47 | 乙苯 | ①便携式气相色谱-质谱联用仪；<br>②便携式气相色谱仪 | 《地表水环境质量标准》（GB 3838—2002） | 0.3 | 熔点（℃）：−95<br>密度（g/cm³）：0.867<br>CAS：100-41-4<br>不溶于水的无色液体。漂浮于水体表面，形成气密膜，导致鱼类缺氧死亡 |

| 序号 | 监测项目 | 应急监测推荐方法/仪器 | 参考标准 | 标准限值/（mg/L） | 其他信息 |
| --- | --- | --- | --- | --- | --- |
| 48 | 二甲苯（对-二甲苯、间-二甲苯、邻-二甲苯） | ①便携式气相色谱-质谱联用仪；<br>②便携式气相色谱仪 | 《地表水环境质量标准》（GB 3838—2002） | 0.5 | CAS：1330-20-7<br>二甲苯是不溶于水的无色透明液体，在水溶液中挥发性较强，有特殊芳香味，对眼及上呼吸道有刺激作用 |
| 49 | 异丙苯 | ①便携式气相色谱-质谱联用仪；<br>②便携式气相色谱仪 | 《地表水环境质量标准》（GB 3838—2002） | 0.25 | 熔点（℃）：–96.035<br>密度（$g/cm^3$）：0.869<br>不溶于水的无色有特殊芳香气味的液体。漂浮于水体表面，形成气密膜，导致鱼类缺氧死亡 |

| 序号 | 监测项目 | 应急监测推荐方法/仪器 | 参考标准 | 标准限值/（mg/L） | 其他信息 |
|---|---|---|---|---|---|
| 50 | 氯苯 | ①便携式气相色谱-质谱联用仪；<br>②便携式气相色谱仪 | 《地表水环境质量标准》（GB 3838—2002） | 0.3 | 熔点（℃）：–45<br>密度（$g/cm^3$）：1.11<br>CAS：108-90-7<br>不溶于水的无色液体。对皮肤和黏膜有刺激性 |
| 51 | 1,2-二氯苯 | ①便携式气相色谱-质谱联用仪；<br>②便携式气相色谱仪 | 《地表水环境质量标准》（GB 3838—2002） | 1.0 | 熔点（℃）：–15<br>密度（$g/cm^3$）：1.306<br>CAS：95-50-1<br>不溶于水的无色易挥发液体。静置时有明显分层 |
| 52 | 1,4-二氯苯 | ①便携式气相色谱-质谱联用仪；<br>②便携式气相色谱仪 | 《地表水环境质量标准》（GB 3838—2002） | 0.3 | 熔点（℃）：52<br>密度（$g/cm^3$）：1.3<br>CAS：106-46-7<br>不溶于水的白色结晶，有樟脑的气味 |

| 序号 | 监测项目 | 应急监测推荐方法/仪器 | 参考标准 | 标准限值/（mg/L） | 其他信息 |
|---|---|---|---|---|---|
| 53 | 三氯苯（1,2,3-三氯苯、1,2,4-三氯苯、1,3,5-三氯苯） | ①便携式气相色谱-质谱联用仪；<br>②便携式气相色谱仪 | 《地表水环境质量标准》（GB 3838—2002） | 0.02 | 熔点（℃）：16<br>密度（g/cm$^3$）：1.454<br>CAS：120-82-1<br>不溶于水的无色液体，带有一种令人愉快的气味。静置时有明显分层 |
| 54 | 四氯苯（1,2,3,4-四氯苯、1,2,3,5-四氯苯、1,2,4,5-四氯苯） | ①携式气相色谱-质谱联用仪；<br>②便携式气相色谱仪 | 《地表水环境质量标准》（GB 3838—2002） | 0.02 | 熔点（℃）：44<br>密度（g/cm$^3$）：1.73 |
| 55 | 六氯苯 | ①便携式气相色谱-质谱联用仪；<br>②便携式气相色谱仪 | 《地表水环境质量标准》（GB 3838—2002） | 0.05 | 熔点（℃）：227<br>密度（g/cm$^3$）：1.5691<br>CAS：118-74-1<br>白色粉末 |

| 序号 | 监测项目 | 应急监测推荐方法/仪器 | 参考标准 | 标准限值/（mg/L） | 其他信息 |
| --- | --- | --- | --- | --- | --- |
| 56 | 硝基苯 | ①便携式气相色谱-质谱联用仪；<br>②便携式气相色谱仪 | 《地表水环境质量标准》（GB 3838—2002） | 0.017 | 熔点（℃）：5<br>密度（$g/cm^3$）：1.205<br>CAS：98-95-3<br>难溶于水的无色或微黄色具有苦杏仁味的油状液体 |
| 57 | 二硝基苯（对-二硝基苯、间-二硝基苯、邻-二硝基苯） | ①便携式气相色谱-质谱联用仪；<br>②便携式气相色谱仪 | 《地表水环境质量标准》（GB 3838—2002） | 0.5 | CAS：58809-90-8<br>对眼睛、呼吸道和皮肤有刺激作用 |
| 58 | 2,4-二硝基甲苯 | ①便携式气相色谱-质谱联用仪；<br>②便携式气相色谱仪 | 《地表水环境质量标准》（GB 3838—2002） | 0.000 3 | 熔点（℃）：65.5～70.5<br>密度（$g/cm^3$）：1.407<br>CAS：121-14-2<br>微溶于水的淡黄色结晶性粉末 |

| 序号 | 监测项目 | 应急监测推荐方法/仪器 | 参考标准 | 标准限值/（mg/L） | 其他信息 |
|---|---|---|---|---|---|
| 59 | 2,4,6-三硝基甲苯 | ①便携式气相色谱-质谱联用仪；<br>②便携式气相色谱仪 | 《地表水环境质量标准》（GB 3838—2002） | 0.5 | 熔点（℃）：80.9<br>密度（$g/cm^3$）：1.654<br>CAS：118-96-7<br>不溶于水的白色或黄色针状晶体 |
| 60 | 硝基氯苯（对-硝基氯苯、间-硝基氯苯、邻-硝基氯苯） | ①便携式气相色谱-质谱联用仪；<br>②便携式气相色谱仪 | 《地表水环境质量标准》（GB 3838—2002） | 0.05 | 熔点（℃）：31～33<br>密度（$g/cm^3$）：1.391<br>CAS：25167-93-5<br>不溶于水的浅黄色针状有毒晶体。对黏膜和皮肤有刺激作用。急性中毒病人有头痛、头昏、乏力、皮肤黏膜紫绀、手指麻木等症状 |

| 序号 | 监测项目 | 应急监测推荐方法/仪器 | 参考标准 | 标准限值/（mg/L） | 其他信息 |
| --- | --- | --- | --- | --- | --- |
| 61 | 2,4-二硝基氯苯 | ①便携式气相色谱-质谱联用仪；<br>②便携式气相色谱仪 | 《地表水环境质量标准》（GB 3838—2002） | 0.5 | 熔点（℃）：50<br>密度（$g/cm^3$）：1.628<br>CAS：97-00-7<br>不溶于水的淡黄色或黄棕色针状结晶。对皮肤和黏膜有显著的刺激作用，可引起严重的皮炎 |
| 62 | 2,4-二氯苯酚 | ①便携式气相色谱-质谱联用仪；<br>②便携式气相色谱仪 | 《地表水环境质量标准》（GB 3838—2002） | 0.093 | 熔点（℃）：42～43<br>密度（$g/cm^3$）：1.383<br>CAS：120-83-2<br>难溶于水的白色结晶性粉末。与皮肤接触有毒，可引起严重灼伤 |

| 序号 | 监测项目 | 应急监测推荐方法/仪器 | 参考标准 | 标准限值/（mg/L） | 其他信息 |
|---|---|---|---|---|---|
| 63 | 2,4,6-三氯苯酚 | ①便携式气相色谱-质谱联用仪；<br>②便携式气相色谱仪 | 《地表水环境质量标准》（GB 3838—2002） | 0.2 | 熔点（℃）：65～68<br>密度（$g/cm^3$）：1.49<br>CAS：88-06-2<br>能溶于水的白色或棕色结晶，有令人不愉快的气味。对眼睛、皮肤、黏膜和上呼吸道有刺激作用 |
| 64 | 五氯酚 | ①便携式气相色谱仪；<br>②车载液相色谱仪 | 《地表水环境质量标准》（GB 3838—2002） | 0.009 | 熔点（℃）：165～180<br>密度（$g/cm^3$）：1.978<br>CAS：87-86-5<br>几乎不溶于水的白色结晶性粉末 |

| 序号 | 监测项目 | 应急监测推荐方法/仪器 | 参考标准 | 标准限值/（mg/L） | 其他信息 |
| --- | --- | --- | --- | --- | --- |
| 65 | 苯胺 | ①便携式气相色谱-质谱联用仪；<br>②便携式气相色谱仪 | 《地表水环境质量标准》（GB 3838—2002） | 0.1 | 熔点（℃）：−6.2<br>密度（$g/cm^3$）：1.0217<br>CAS：62-53-3<br>微溶于水的为无色油状液体。易经皮肤吸收。急性中毒的患者口唇、指端、耳廓紫绀，有头痛、头晕、恶心、呕吐、手指发麻、精神恍惚等症状 |
| 66 | 联苯胺 | ①便携式气相色谱仪；<br>②车载液相色谱仪 | 《地表水环境质量标准》（GB 3838—2002） | 0.000 2 | 熔点（℃）：127～128<br>密度（$g/cm^3$）：1.25<br>CAS：92-87-5<br>不溶于冷水、可溶于热水的白色结晶性粉末。可经呼吸道、胃肠道、皮肤进入人体。对皮肤可引起接触性皮炎；对黏膜有刺激作用 |

| 序号 | 监测项目 | 应急监测推荐方法/仪器 | 参考标准 | 标准限值/（mg/L） | 其他信息 |
| --- | --- | --- | --- | --- | --- |
| 67 | 丙烯酰胺 | ①便携式气相色谱仪；<br>②车载液相色谱-质谱联用仪 | 《地表水环境质量标准》（GB 3838—2002） | 0.000 5 | 熔点（℃）：82～86<br>密度（$g/cm^3$）：1.322<br>CAS：79-06-1<br>可溶于水的白色结晶性粉末。经皮肤吸收可引起中毒 |
| 68 | 丙烯腈 | ①便携式气相色谱-质谱联用仪；<br>②便携式气相色谱仪 | 《地表水环境质量标准》（GB 3838—2002） | 0.1 | 熔点（℃）：–83.6<br>密度（$g/cm^3$）：0.806<br>CAS：107-13-1<br>微溶于水的无色透明液体 |
| 69 | 邻苯二甲酸二丁酯 | ①便携式气相色谱仪；<br>②车载液相色谱仪 | 《地表水环境质量标准》（GB 3838—2002） | 0.003 | 熔点（℃）：–35<br>密度（$g/cm^3$）：1.053<br>CAS：84-74-2<br>不溶于水的无色透明油状液体 |

| 序号 | 监测项目 | 应急监测推荐方法/仪器 | 参考标准 | 标准限值/（mg/L） | 其他信息 |
|---|---|---|---|---|---|
| 70 | 邻苯二甲酸二（2-乙基己基）酯 | ①便携式气相色谱仪；<br>②车载液相色谱仪 | 《地表水环境质量标准》（GB 3838—2002） | 0.008 | 熔点（℃）：−50<br>密度（$g/cm^3$）：0.985<br>不溶于水的无色或淡黄色黏稠液体 |
| 71 | 水合肼 | 便携式分光光度计 | 《地表水环境质量标准》（GB 3838—2002） | 0.01 | 熔点（℃）：−51.7<br>密度（$g/cm^3$）：1.032<br>CAS：7803-57-8<br>易溶于水的无色透明发烟液体 |
| 72 | 四乙基铅 | 便携式气相色谱-质谱联用仪 | 《地表水环境质量标准》（GB 3838—2002） | 0.000 1 | 熔点（℃）：−136<br>密度（$g/cm^3$）：1.66<br>CAS：78-00-2<br>不溶于水的无色油状液体。有剧毒，急性中毒初期症状有睡眠障碍、全身无力、情绪不稳 |

| 序号 | 监测项目 | 应急监测推荐方法/仪器 | 参考标准 | 标准限值/（mg/L） | 其他信息 |
|---|---|---|---|---|---|
| 73 | 吡啶 | 便携式气相色谱-质谱联用仪 | 《地表水环境质量标准》（GB 3838—2002） | 0.2 | 熔点（℃）：–41.6<br>密度（$g/cm^3$）：0.983<br>CAS：110-86-1<br>可溶于水的无色液体。有强烈刺激性，对眼睛及上呼吸道有刺激作用 |
| 74 | 松节油 | ①便携式气相色谱-质谱联用仪；<br>②便携式气相色谱仪 | 《地表水环境质量标准》（GB 3838—2002） | 0.2 | CAS：8006-64-2 |
| 75 | 苦味酸 | ①便携式气相色谱-质谱联用仪；<br>②车载液相色谱仪 | 《地表水环境质量标准》（GB 3838—2002） | 0.5 | 熔点（℃）：122.5<br>密度（$g/cm^3$）：1.763<br>CAS：88-89-1<br>溶于热水的无色至黄色针状结晶 |

| 序号 | 监测项目 | 应急监测推荐方法/仪器 | 参考标准 | 标准限值/（mg/L） | 其他信息 |
|---|---|---|---|---|---|
| 76 | 丁基黄原酸 | ①便携式紫外分光光度计；<br>②便携式气相色谱-质谱联用仪 | 《地表水环境质量标准》（GB 3838—2002） | 0.005 | — |
| 77 | 活性氯 | 便携式分光光度计 | 《地表水环境质量标准》（GB 3838—2002） | 0.01 | — |
| 78 | 滴滴涕 | 车载液相色谱仪 | 《地表水环境质量标准》（GB 3838—2002） | 0.001 | 熔点（℃）：107～110<br>密度（$g/cm^3$）：1.55<br>CAS：50-29-3<br>不溶于水的白色晶体。能经皮肤吸收，轻度中毒可出现头痛、头晕、无力、出汗、失眠、恶心、呕吐等症状 |

| 序号 | 监测项目 | 应急监测推荐方法/仪器 | 参考标准 | 标准限值/（mg/L） | 其他信息 |
|---|---|---|---|---|---|
| 79 | 林丹（γ-六氯环己烷） | 车载液相色谱仪 | 《地表水环境质量标准》（GB 3838—2002） | 0.002 | 熔点（℃）：113～115<br>密度（$g/cm^3$）：1.593<br>CAS：58-89-9<br>微溶于水的白色至灰白色结晶粉末 |
| 80 | 环氧七氯 | ①便携式气相色谱-质谱联用仪；<br>②便携式气相色谱仪 | 《地表水环境质量标准》（GB 3838—2002） | 0.000 2 | 熔点（℃）：160～161.5<br>密度（$g/cm^3$）：1.918<br>CAS：28044-83-9<br>微溶于水的白色晶体 |
| 81 | 对硫磷 | 车载液相色谱仪 | 《地表水环境质量标准》（GB 3838—2002） | 0.003 | 熔点（℃）：6<br>密度（$g/cm^3$）：1.27<br>CAS：56-38-2<br>不溶于水的无色剧毒液体 |

| 序号 | 监测项目 | 应急监测推荐方法/仪器 | 参考标准 | 标准限值/（mg/L） | 其他信息 |
|---|---|---|---|---|---|
| 82 | 甲基对硫磷 | 车载液相色谱仪 | 《地表水环境质量标准》（GB 3838—2002） | 0.002 | 熔点（℃）：36<br>密度（$g/cm^3$）：1.36<br>CAS：298-00-0<br>微溶于水的白色结晶高毒粉末，工业品为黄棕色油状液体 |
| 83 | 马拉硫磷 | 车载液相色谱仪 | 《地表水环境质量标准》（GB 3838—2002） | 0.05 | 熔点（℃）：2.58<br>密度（$g/cm^3$）：1.23<br>CAS：121-75-5<br>微溶于水，无色至淡黄色油状的有毒液体 |
| 84 | 乐果 | 车载液相色谱仪 | 《地表水环境质量标准》（GB 3838—2002） | 0.08 | 熔点（℃）：52～52.5<br>密度（$g/cm^3$）：1.305<br>CAS：60-51-5<br>微溶于水的白色有毒结晶体，有樟脑的气味，工业品通常是浅黄棕色乳剂 |

| 序号 | 监测项目 | 应急监测推荐方法/仪器 | 参考标准 | 标准限值/（mg/L） | 其他信息 |
|---|---|---|---|---|---|
| 85 | 敌敌畏 | 车载液相色谱仪 | 《地表水环境质量标准》（GB 3838—2002） | 0.05 | 熔点（℃）：−60<br>密度（$g/cm^3$）：1.415<br>CAS：62-73-7<br>纯品为微溶于水的无色至琥珀色液体，微带芳香味。制剂为浅黄色至黄棕色油状液体。中毒时会出现头晕、头痛、恶心呕吐、腹痛、腹泻、流口水，瞳孔缩小、看东西模糊、大量出汗、呼吸困难等症状 |
| 86 | 敌百虫 | 车载液相色谱仪 | 《地表水环境质量标准》（GB 3838—2002） | 0.05 | 熔点（℃）：77～81<br>密度（$g/cm^3$）：1.73<br>CAS：52-68-6<br>易溶于水的白色有毒结晶体 |

| 序号 | 监测项目 | 应急监测推荐方法/仪器 | 参考标准 | 标准限值/（mg/L） | 其他信息 |
|---|---|---|---|---|---|
| 87 | 内吸磷 | ①车载液相色谱仪；<br>②实验室气相色谱仪 | 《地表水环境质量标准》（GB 3838—2002） | 0.03 | CAS：8065-48-3<br>中毒早期症状为头晕、无力、倦乏、恶心等 |
| 88 | 百菌清 | ①便携式气相色谱-质谱联用仪；<br>②便携式气相色谱仪 | 《地表水环境质量标准》（GB 3838—2002） | 0.01 | 熔点（℃）：250<br>密度（$g/cm^3$）：1.72<br>CAS：1897-45-6<br>微溶于水的白色粉末 |
| 89 | 甲萘威（西维因） | 车载液相色谱仪 | 《地表水环境质量标准》（GB 3838—2002） | 0.05 | 熔点（℃）：142<br>密度（$g/cm^3$）：1.232<br>CAS：63-25-2<br>易溶于水的白色结晶固体。中毒时有流涎、恶心、流泪、瞳孔缩小、视力模糊、痉挛等表现 |

| 序号 | 监测项目 | 应急监测推荐方法/仪器 | 参考标准 | 标准限值/（mg/L） | 其他信息 |
| --- | --- | --- | --- | --- | --- |
| 90 | 溴氰菊酯 | 车载液相色谱仪 | 《地表水环境质量标准》（GB 3838—2002） | 0.02 | 熔点（℃）：98<br>密度（g/cm$^3$）：1.595<br>CAS：52820-00-5<br>常温下几乎不溶于水的白色至灰白色结晶性粉末 |
| 91 | 阿特拉津（莠去津） | 车载液相色谱仪 | 《地表水环境质量标准》（GB 3838—2002） | 0.003 | 熔点（℃）：173～175<br>密度（g/cm$^3$）：1.27<br>CAS：1912-24-9<br>难溶于水的白色粉末 |
| 92 | 苯并[*a*]芘 | 车载液相色谱仪 | 《地表水环境质量标准》（GB 3838—2002） | $2.8\times10^{-6}$ | — |
| 93 | 甲基汞 | ①便携式气相色谱-质谱联用仪；<br>②冷原子荧光光谱仪 | 《地表水环境质量标准》（GB 3838—2002） | $1\times10^{-6}$ | CAS：22967-92-6<br>可溶于水，有剧毒 |

| 序号 | 监测项目 | 应急监测推荐方法/仪器 | 参考标准 | 标准限值/（mg/L） | 其他信息 |
| --- | --- | --- | --- | --- | --- |
| 94 | 多氯联苯（PCB-1016、PCB-1221、PCB-1232、PCB-1242、PCB-1248、PCB-1254、PCB-1260） | ①便携式气相色谱-质谱联用仪；<br>②便携式气相色谱仪 | 《地表水环境质量标准》（GB 3838—2002） | $2\times10^{-5}$ | 熔点（℃）：<33<br>密度（$g/cm^3$）：1.44<br>CAS：158076-63-2<br>不溶于水的流动的油状液体或白色结晶固体或非结晶性树脂 |
| 95 | 微囊藻毒素-LR | 车载液相色谱仪 | 《地表水环境质量标准》（GB 3838—2002） | 0.001 | 高浓度时可引起肝炎症、肝出血甚至肝坏死等急性反应 |
| 96 | 黄磷（白磷） | 便携式气相色谱仪 | 《地表水环境质量标准》（GB 3838—2002） | 0.003 | 熔点（℃）：44.1<br>密度（$g/cm^3$）：1.828<br>不溶于水的白色至黄色蜡状固体，有蒜臭味，在暗处发淡绿色磷光 |

| 序号 | 监测项目 | 应急监测推荐方法/仪器 | 参考标准 | 标准限值/（mg/L） | 其他信息 |
|---|---|---|---|---|---|
| 97 | 钼 | ①车载电感耦合等离子体质谱仪；<br>②车载电感耦合等离子体发射光谱仪；<br>③便携式水质重金属测定仪 | 《地表水环境质量标准》（GB 3838—2002） | 0.07 | 通常以离子态存在于水体中 |
| 98 | 钴 | ①车载电感耦合等离子体质谱仪；<br>②车载电感耦合等离子体发射光谱仪 | 《地表水环境质量标准》（GB 3838—2002） | 1.0 | — |
| 99 | 铍 | ①车载电感耦合等离子体质谱仪；<br>②车载电感耦合等离子体发射光谱仪 | 《地表水环境质量标准》（GB 3838—2002） | 0.002 | — |
| 100 | 硼 | ①车载电感耦合等离子体质谱仪；<br>②车载电感耦合等离子体发射光谱仪 | 《地表水环境质量标准》（GB 3838—2002） | 0.5 | — |

| 序号 | 监测项目 | 应急监测推荐方法/仪器 | 参考标准 | 标准限值/（mg/L） | 其他信息 |
| --- | --- | --- | --- | --- | --- |
| 101 | 锑 | ①车载电感耦合等离子体质谱仪；<br>②车载电感耦合等离子体发射光谱仪；<br>③便携式水质重金属测定仪 | 《地表水环境质量标准》（GB 3838—2002） | 0.005 | — |
| 102 | 镍 | ①车载电感耦合等离子体质谱仪；<br>②车载电感耦合等离子体发射光谱仪；<br>③便携式水质重金属测定仪 | 《地表水环境质量标准》（GB 3838—2002） | 0.02 | 以离子态存在于水体中；在与人体接触时，镍离子可以通过毛孔和皮脂腺引起皮肤过敏发炎 |
| 103 | 钡 | ①车载电感耦合等离子体质谱仪；<br>②车载电感耦合等离子体发射光谱仪 | 《地表水环境质量标准》（GB 3838—2002） | 0.7 | 能与水反应，通常以离子态存在于水体中。中毒症状有呕吐、绞痛、腹泻、心跳变缓且不规律、短暂的血压升高、痉挛性的震颤和肌肉麻痹 |

| 序号 | 监测项目 | 应急监测推荐方法/仪器 | 参考标准 | 标准限值/（mg/L） | 其他信息 |
|---|---|---|---|---|---|
| 104 | 钒 | ①车载电感耦合等离子体质谱仪；<br>②车载电感耦合等离子体发射光谱仪 | 《地表水环境质量标准》（GB 3838—2002） | 0.05 | — |
| 105 | 钛 | ①车载电感耦合等离子体质谱仪；<br>②车载电感耦合等离子体发射光谱仪 | 《地表水环境质量标准》（GB 3838—2002） | 0.1 | — |
| 106 | 铊 | ①车载电感耦合等离子体质谱仪；<br>②车载电感耦合等离子体发射光谱仪 | 《地表水环境质量标准》（GB 3838—2002） | 0.000 1 | — |

注：1. 本表所推荐仪器/方法为突发水环境事件应急监测初期相应项目可以采用的快速监测仪器/方法，以定性、半定量为主，仅供参考。

2. 本表推荐：突发水环境事件应急监测时的评价标准限值，采用《地表水环境质量标准》（GB 3838—2002）对各类项目所要求的限值作为参考，部分项目有水体类别划分的，参考III类水体的要求。

## 1.5 突发水环境事件应急监测的报告编制

### 1.5.1 报告内容

监测报告要明确监测结论，监测结论应包括污染带前锋、污染团长度和范围、污染团浓度峰值等结论信息。根据实际情况评估应急处置工作效果，预测污染扩散趋势和对敏感目标的影响。

### 1.5.2 数据表征

数据表征包括污染物浓度的空间变化趋势图（同一时间不同点位污染物浓度的空间变化趋势）和时间变化趋势图（同一点位污染物浓度的时间变化趋势），趋势图中应有显示污染物是否达标或达到背景值的参考线。趋势图一般以折线图表示，每个趋势图中可包括一条或多条折线。

### 1.5.3 数据分析

特征污染物浓度明显超出本底值的河段定义为污染带，污染带中特征污染物浓度超标的河段定义为污染团，污染物浓度首次明显超过本底值的断面定义为污染带前锋，污染物浓度首次恢复至本底值的断面定义为污染带尾部。污染带前锋和尾部是动态变化的。污染带长度、污染团大小一般采用实测值计算。

## 1.6 突发水环境事件应急监测的终止

当应急组织指挥机构终止应急响应或批准应急监测终止建议时，方可终止应急监测。根据《突发环境事件应急监测技术规范》（HJ 589—2021）要求，凡符合下列情形之一的，可向应急组织指挥机构提出应急监测终止建议：

a）最近一次应急监测方案中，全部监测断面（点位）特征污染物的 48 小时连续监测结果均达到评价标准或要求；

b）最近一次应急监测方案中，全部监测断面（点位）特征污染物的 48 小时连续监测结果均恢复到本底值或背景断面（点位）水平；

c）应急专家组认为可以终止的情形。

## 2 重特大突发环境事件空气应急监测工作规程

《重特大突发环境事件空气应急监测工作规程》（环办监测函〔2022〕231号）是为了有效应对火灾、爆炸、泄漏等引发的重特大突发环境空气事件，以坚持“人民至上、生命至上”为理念，以准确掌握事发地周边及附近敏感点环境空气污染状况为目标，按照快速及时、准确可靠、数据说话、支撑决策的原则所制定的规程。适用于因生产、经营、储存、运输、使用、处置危险化学品、危险废物和意外因素或不可抗拒的自然灾害等原因引发的重特大突发环境事件的空气应急监测。不适用于涉及军事设施、核设施等的火灾、爆炸、泄漏等事故。

## 2.1 突发环境事件空气应急监测的特征污染物选取和筛查

突发环境事件空气应急监测的特征污染物一般选取事件中排放量较大或超标倍数较高、对人体健康有较大影响、可以表征事态发展的污染物。发生火灾、爆炸导致的未知气体泄漏时，可对气态污染物中的无机污染物和有机污染物分别进行筛查。一般通过如下方式筛查：

无机污染物的筛查，可结合现场刺激性气味、颜色等特点综合研判，利用电化学传感器、检测管等筛查；有机污染物的筛查，可先筛查非甲烷总烃或总挥发性有机物，再利用便携式气质联用仪等筛查挥发性有机物成分。

化工企业发生火灾、爆炸时，可结合行业、工艺特点和主要产品、中间产品、原辅材料、环评报告等研判可能出现的特征污染物。发生已知气体泄漏时，按照具体泄漏物质及可能的次生产物确定特征污染物。

## 2.2 突发环境事件空气应急监测的点位布设

点位布设参照《突发环境事件应急监测技术规范》（HJ 589—2021）、《环境空气质量手工监测技术规范》（HJ 194—2017）执行，以掌握污染物对环境空气质量的影响及扩散趋势为重点，研判污染物对人体健康的影响。在厂界或事故点周边及扩散影响区域合理布设监测或采样点位，判断污染团位置，掌握污染物浓度及扩散趋势，研判应急处置效果，为人员疏散等应急决策提供支撑。

点位布设之前，可向被测“污染源”所在地区的气象台（站）了解当地的“常年”气象资料，依据“常年”气象资料对监测时段的选择做指导，主要内容包括按月统计的主导风向和风向频率、平均风速和最大/最小风速、平均气温和气温变化情况等。

有明显风向时，在主导风向的下风向布设点位。原则上以事故点为中心，按照 500 m、1 000 m、2 000 m、3 000 m、5 000 m 间隔的扇形布设点位（图 2-1a）；无明显主导风向，以敏感点所在方向为重点按圆形布设点位（图 2-1b）。在敏感点附近的扇形或圆形区域，按 500～1 000 m 间隔增设监测点位（图 2-2a），同时，在事故点上风向和扇形区域两侧外部适当距离（300～500 m）布设对照点位（图 2-2b）。

确定特征污染物扩散趋势后，重点围绕敏感点布设点位，并根据风向变化及时调整。点位布设应充分考虑交通状况、气象条件和人员安全。

对城区环境空气质量存在影响时，要采用加密网格布点进行监测。城市建成区域的监测网格均匀划分面积不超过 2 km×2 km。面积大于 200 $km^2$ 的城市可以适当放宽网格密度。

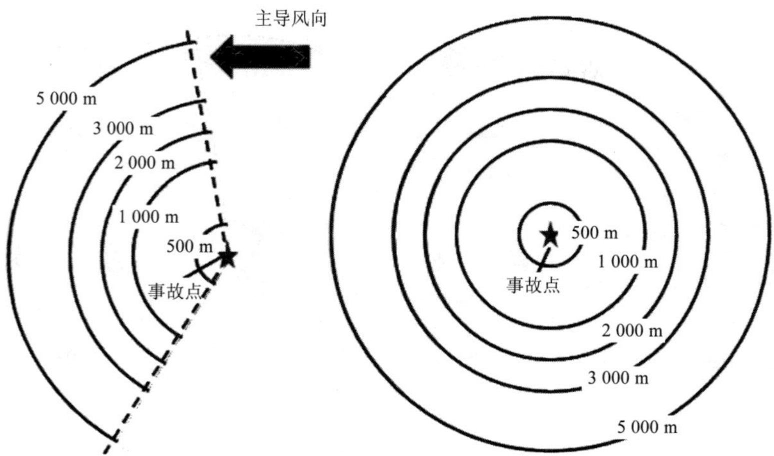


a. 主导风向下风向，扇形布设点位　　b. 无主导风向，圆形布设点位

图 2-1　突发环境事件空气应急监测的点位布设示意图（无敏感点）

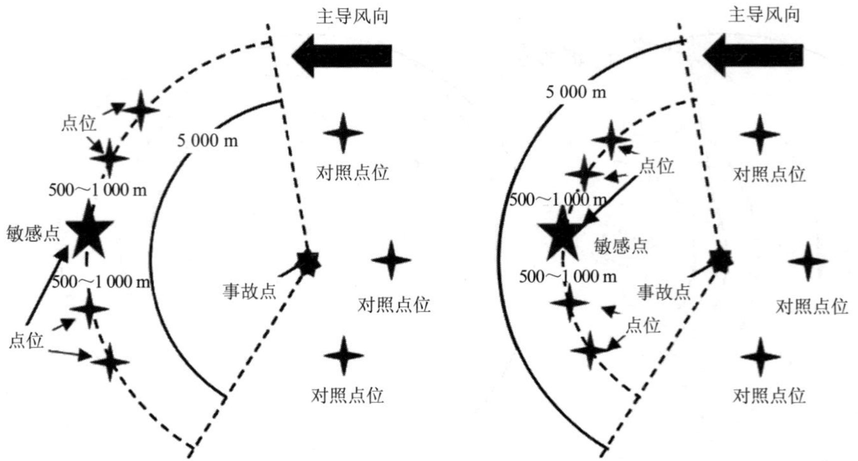


a. 敏感点（5 000 m 外）点位布设　　b. 敏感点（5 000 m 内）点位布设

图 2-2　突发环境事件空气应急监测的点位布设示意图（有敏感点）

## 2.3 突发环境事件空气应急监测的监测频次

应急监测以掌握特征污染物扩散特点、浓度水平和变化趋势为目的。原则上，事故初期每 1～2 小时监测 1 次；确定特征污染物扩散趋势后，重点围绕敏感点每 1～2 小时监测 1 次；事故现场无明火、浓烟、异味，且受影响人员无明显不良反应等情况时，每天监测 1～3 次，各点位应同步开展监测。

## 2.4 突发环境事件空气应急监测的仪器/方法

为确保快速、及时、准确掌握污染情况，可采用现场快速监测、空气走航监测、无人机巡航监测、实验室手工监测相结合的方式开展应急监测。根据应急监测方法的选用原则和要求，选取了《环境空气质量标准》（GB 3095—2012）、《环境影响评价技术导则 大气环境》（HJ 2.2—2018）、苏联《居民区大气污染物最高允许浓度》（CH 245—71）、《大气污染物综合排放标准》（GB 16297—1996）中的部分项目，匹配了在环境事件突发时可以采用的快速监测仪器设备和应急监测方法，以供参考（表 2-1）。

表 2-1　突发环境事件空气应急监测仪器/方法及评价标准一览表

| 序号 | 监测项目 | 应急监测推荐仪器/方法 | 参考标准 | 标准限值/（$mg/m^3$） | 其他信息 |
|---|---|---|---|---|---|
| 1 | 二氧化硫（$SO_2$） | ①电化学传感器；<br>②检测管法；<br>③便携式二氧化硫分析仪 | 《环境空气质量标准》（GB 3095—2012） | 0.500（1 小时平均值） | 沸点（℃）：−10<br>CAS：7446-09-5<br>有强烈刺激性气味，浓度在 400～500 ppm 时人会出现溃疡和肺水肿直至窒息死亡 |
| 2 | 二氧化氮（$NO_2$） | ①检测管法；<br>②电化学传感器 | 《环境空气质量标准》（GB 3095—2012） | 0.200（1 小时平均值） | 沸点（℃）：21<br>CAS：10102-44-0<br>有刺激性气味的红棕色有毒气体 |

| 序号 | 监测项目 | 应急监测推荐仪器/方法 | 参考标准 | 标准限值/（$mg/m^3$） | 其他信息 |
|---|---|---|---|---|---|
| 3 | 一氧化碳（CO） | ①便携式傅里叶红外仪；<br>②检测管法；<br>③便携式 CO 分析仪 | 《环境空气质量标准》（GB 3095—2012） | 10（1 小时平均值） | 沸点（℃）：−191.5<br>CAS：630-08-0<br>无色无味气体；中毒者出现剧烈的头痛、头昏、恶心、呕吐、心悸、眼花、四肢无力、嗜睡、烦躁、步态不稳 |
| 4 | 臭氧（$O_3$） | 便携式臭氧检测仪 | 《环境空气质量标准》（GB 3095—2012） | 0.200（1 小时平均值） | 沸点（℃）：−111<br>CAS：10028-15-6<br>会引起咳嗽、呼吸困难及肺功能下降 |
| 5 | 颗粒物（粒径小于等于 10 μm）$PM_{10}$ | ①光散射法；<br>②便携式颗粒物分析仪 | 《环境空气质量标准》（GB 3095—2012） | 0.150（24 小时平均值） | — |
| 6 | 颗粒物（粒径小于等于 2.5μm）$PM_{2.5}$ | ①光散射法；<br>②便携式颗粒物分析仪 | 《环境空气质量标准》（GB 3095—2012） | 0.075（24 小时平均值） | — |

| 序号 | 监测项目 | 应急监测推荐仪器/方法 | 参考标准 | 标准限值/（$mg/m^3$） | 其他信息 |
|---|---|---|---|---|---|
| 7 | 总悬浮颗粒物（TSP） | ①光散射法；<br>②便携式颗粒物分析仪 | 《环境空气质量标准》（GB 3095—2012） | 0.300（24 小时平均值） | — |
| 8 | 氮氧化物（$NO_x$） | ①检测管法；<br>②电化学传感器；<br>③便携式氮氧化物分析仪 | 《环境空气质量标准》（GB 3095—2012） | 0.250（1 小时平均值） | — |
| 9 | 铅（Pb） | ①车载电感耦合等离子体质谱仪；<br>②车载式 X 射线荧光光谱法 | 《环境空气质量标准》（GB 3095—2012） | 0.001（季平均值） | — |
| 10 | 苯并[*a*]芘（BaP） | 车载液相色谱法 | 《环境空气质量标准》（GB 3095—2012） | 0.000 002 5（24 小时平均值） | — |

| 序号 | 监测项目 | 应急监测推荐仪器/方法 | 参考标准 | 标准限值/（$mg/m^3$） | 其他信息 |
|---|---|---|---|---|---|
| 11 | 氨（$NH_3$） | ①电化学传感器；<br>②开放光程紫外多气体监测仪 | 《环境影响评价技术导则 大气环境》（HJ 2.2—2018） | 0.200（1小时平均值） | 沸点（℃）：−33.5<br>CAS：7664-41-7<br>无色有刺激性恶臭的气体，急性氨中毒主要表现为呼吸道黏膜刺激和灼伤 |
| 12 | 苯 | ①便携式气相色谱-质谱联用分析仪；<br>②开放光程紫外多气体监测仪 | 《环境影响评价技术导则 大气环境》（HJ 2.2—2018） | 0.110（1小时平均值） | 沸点（℃）：80.1<br>CAS：71-43-2<br>具有强烈的芳香气味，挥发性大，暴露于空气中很容易扩散，急性中毒会产生神经痉挛甚至昏迷、死亡 |
| 13 | 苯胺 | ①便携式分光光度计；<br>②便携式气相色谱-质谱联用分析仪 | 《环境影响评价技术导则 大气环境》（HJ 2.2—2018） | 0.100（1小时平均值） | 沸点（℃）：184.4<br>CAS：62-53-3<br>有强烈气味 |

| 序号 | 监测项目 | 应急监测推荐仪器/方法 | 参考标准 | 标准限值/（$mg/m^3$） | 其他信息 |
|---|---|---|---|---|---|
| 14 | 苯乙烯 | 便携式气相色谱-质谱联用分析仪 | 《环境影响评价技术导则 大气环境》（HJ 2.2—2018） | 0.010（1 小时平均值） | 沸点（℃）：145.2<br>无色透明油状液体，其蒸气与空气可形成爆炸性混合物，遇明火、高热或与氧化剂接触，有引起燃烧爆炸的危险 |
| 15 | 吡啶 | ①便携式气相色谱-质谱联用分析仪；<br>②便携式气相色谱仪 | 《环境影响评价技术导则 大气环境》（HJ 2.2—2018） | 0.080（1 小时平均值） | 沸点（℃）：115.3<br>CAS：110-86-1<br>无色液体，有恶臭，易燃，有强烈刺激性；其蒸气与空气可形成爆炸性混合物，遇明火、高热极易燃烧爆炸 |
| 16 | 丙酮 | 便携式气相色谱-质谱联用分析仪 | 《环境影响评价技术导则 大气环境》（HJ 2.2—2018） | 0.800（1 小时平均值） | 沸点（℃）：56.5<br>CAS：67-64-1<br>有微香气味，极易挥发。急性中毒会出现乏力、恶心、头痛、头晕、易激动等症状 |

| 序号 | 监测项目 | 应急监测推荐仪器/方法 | 参考标准 | 标准限值/（$mg/m^3$） | 其他信息 |
|---|---|---|---|---|---|
| 17 | 丙烯腈 | 便携式气相色谱-质谱联用分析仪 | 《环境影响评价技术导则 大气环境》（HJ 2.2—2018） | 0.50（1 小时平均值） | 沸点（℃）：77.3<br>CAS：107-13-1<br>无色的有刺激性气味的有毒液体 |
| 18 | 丙烯醛 | 便携式气相色谱-质谱联用分析仪 | 《环境影响评价技术导则 大气环境》（HJ 2.2—2018） | 0.100（1 小时平均值） | 沸点（℃）：52.5<br>CAS：107-02-8<br>其蒸气有很强的刺激性和催泪性。吸入其蒸气会损害呼吸道，还会出现咽喉炎、胸部压迫感、支气管炎 |
| 19 | 二甲苯（$C_8H_{10}$） | 便携式气相色谱-质谱联用分析仪 | 《环境影响评价技术导则 大气环境》（HJ 2.2—2018） | 0.200（1 小时平均值） | 沸点（℃）：137<br>CAS：1330-20-7<br>有刺激性气味。对眼睛及上呼吸道有刺激作用 |

| 序号 | 监测项目 | 应急监测推荐仪器/方法 | 参考标准 | 标准限值/（$mg/m^3$） | 其他信息 |
|---|---|---|---|---|---|
| 20 | 二硫化碳 | ①便携式气相色谱-质谱联用分析仪；②开放光程紫外多气体监测仪 | 《环境影响评价技术导则 大气环境》（HJ 2.2—2018） | 0.040（1 小时平均值） | 沸点（℃）：46.2<br>CAS：75-15-0<br>有令人不愉快的烂萝卜味。轻度中毒有头晕、头痛、眼睛及鼻黏膜刺激症状 |
| 21 | 环氧氯丙烷 | 便携式气相色谱-质谱联用分析仪 | 《环境影响评价技术导则 大气环境》（HJ 2.2—2018） | 0.200（1 小时平均值） | 沸点（℃）：116.11<br>CAS：106-89-8<br>低浓度吸入有眼刺痛、流泪、胸闷、咳嗽和恶心、呕吐、食欲不振及肝脏损害等症状。皮肤接触可引起灼伤及皮炎 |
| 22 | 甲苯（$C_7H_8$） | 便携式气相色谱-质谱联用分析仪 | 《环境影响评价技术导则 大气环境》（HJ 2.2—2018） | 0.200（1 小时平均值） | 沸点（℃）：–94.9<br>CAS：108-88-3<br>无色、带特殊芳香味的易挥发液体，对眼睛及上呼吸道有明显的刺激作用 |

| 序号 | 监测项目 | 应急监测推荐仪器/方法 | 参考标准 | 标准限值/（$mg/m^3$） | 其他信息 |
|---|---|---|---|---|---|
| 23 | 甲醇 | ①便携式气相色谱仪；<br>②便携式气体检测仪 | 《环境影响评价技术导则 大气环境》（HJ 2.2—2018） | 3.000（1小时平均值） | 沸点（℃）：64.8<br>CAS：67-56-1<br>有刺激性气味。短时大量吸入会出现轻度眼睛和上呼吸道刺激症状 |
| 24 | 甲醛（HCHO） | ①电化学传感器；<br>②检测管法；<br>③开放光程紫外多气体监测仪 | 《环境影响评价技术导则 大气环境》（HJ 2.2—2018） | 0.050（1小时平均值） | 沸点（℃）：−19.5<br>CAS：50-00-0<br>无色有刺激性气体。对皮肤、黏膜有刺激作用 |
| 25 | 硫化氢 | ①电化学传感器；<br>②开放光程紫外多气体监测仪 | 《环境影响评价技术导则 大气环境》（HJ 2.2—2018） | 0.010（1小时平均值） | 沸点（℃）：−60.4<br>CAS：7783-06-4<br>低浓度时有臭鸡蛋气味，浓度极低时便有硫磺味，有剧毒 |

| 序号 | 监测项目 | 应急监测推荐仪器/方法 | 参考标准 | 标准限值/（$mg/m^3$） | 其他信息 |
|---|---|---|---|---|---|
| 26 | 硫酸 | 车载离子色谱仪 | 《环境影响评价技术导则 大气环境》（HJ 2.2—2018） | 0.300（1 小时平均值） | 沸点（℃）：337<br>CAS：7664-93-9<br>会导致呼吸道黏膜损伤、胸闷，造成喉咙肿痛等症状 |
| 27 | 氯 | 电化学传感器 | 《环境影响评价技术导则 大气环境》（HJ 2.2—2018） | 0.100（1 小时平均值） | 沸点（℃）：−34.05<br>CAS：7782-50-5<br>黄绿色有强烈刺激性气味的剧毒气体。中毒时发生剧烈的咳嗽 |
| 28 | 氯丁二烯 | 便携式气相色谱-质谱联用分析仪 | 《环境影响评价技术导则 大气环境》（HJ 2.2—2018） | 0.100（1 小时平均值） | 沸点（℃）：59.4<br>CAS：126-99-8<br>有特殊刺鼻气味 |

| 序号 | 监测项目 | 应急监测推荐仪器/方法 | 参考标准 | 标准限值/（$mg/m^3$） | 其他信息 |
|---|---|---|---|---|---|
| 29 | 氯化氢 | 电化学传感器 | 《环境影响评价技术导则 大气环境》（HJ 2.2—2018） | 0.050（1 小时平均值） | 沸点（℃）：−85.1<br>CAS：7647-01-0<br>有窒息性气味。对上呼吸道有强烈刺激，对眼睛、皮肤、黏膜有腐蚀作用 |
| 30 | 锰及其化合物 | ①车载电感耦合等离子体质谱仪；<br>②车载式 X 射线荧光光谱法 | 《环境影响评价技术导则 大气环境》（HJ 2.2—2018） | 0.010（24 小时平均值） | 可引起头晕、头痛、恶心、寒战、咽痛、咳嗽等症状 |
| 31 | 硝基苯 | 便携式气相色谱（质谱）法 | 《环境影响评价技术导则 大气环境》（HJ 2.2—2018） | 0.010（1 小时平均值） | 沸点（℃）：210<br>CAS：98-95-3<br>具有苦杏仁味。可导致气短、眩晕、恶心、昏厥、神志不清、皮肤发蓝，最后会因呼吸衰竭而死 |

| 序号 | 监测项目 | 应急监测推荐仪器/方法 | 参考标准 | 标准限值/（$mg/m^3$） | 其他信息 |
|---|---|---|---|---|---|
| 32 | 乙醛 | 电化学传感器 | 《环境影响评价技术导则 大气环境》（HJ 2.2—2018） | 0.010（1 小时平均值） | 沸点（℃）：20.8<br>CAS：75-07-0<br>有刺激性气味 |
| 33 | 总挥发性有机物（TVOC） | 便携式 TVOC 气体检测仪 | 《环境影响评价技术导则 大气环境》（HJ 2.2—2018） | 0.600（8 小时平均值） | 沸点（℃）：50～260<br>会造成人体视觉、听觉、嗅觉受损 |
| 34 | 丙烯 | 便携式气相色谱-质谱联用分析仪 | 苏联《居民区大气污染物最高允许浓度》（CH 245—71） | 3（24 小时最大值） | 沸点（℃）：–47.7<br>CAS：115-07-1<br>无臭、稍带甜味气体。易燃，燃烧时会产生明亮的火焰。人吸入丙烯可引起意识丧失 |

| 序号 | 监测项目 | 应急监测推荐仪器/方法 | 参考标准 | 标准限值/（$mg/m^3$） | 其他信息 |
| --- | --- | --- | --- | --- | --- |
| 35 | 醋酸 | 离子色谱法 | 苏联《居民区大气污染物最高允许浓度》（CH 245—71） | 0.2（24 小时最大值） | 沸点（℃）：117.9<br>CAS：64-19-7<br>有刺激性气味。其蒸气对眼睛和鼻子有刺激性作用 |
| 36 | 醋酸酐 | 便携式气相色谱-质谱联用分析仪 | 苏联《居民区大气污染物最高允许浓度》（CH 245—71） | 0.1（24 小时最大值） | 沸点（℃）：140<br>CAS：108-24-7<br>有强烈的乙酸气味，味酸。吸入后对呼吸道有刺激作用，皮肤接触可引起灼伤 |
| 37 | 敌百虫 | ①便携式气相色谱-质谱联用分析仪；<br>②分光光度法 | 苏联《居民区大气污染物最高允许浓度》（CH 245—71） | 0.04（24 小时最大值） | 沸点（℃）：269.4<br>CAS：52-68-6<br>短期内大量接触会引起急性中毒 |

| 序号 | 监测项目 | 应急监测推荐仪器/方法 | 参考标准 | 标准限值/（$mg/m^3$） | 其他信息 |
| --- | --- | --- | --- | --- | --- |
| 38 | 丁醇 | 便携式气相色谱-质谱联用分析仪 | 苏联《居民区大气污染物最高允许浓度》（CH 245—71） | 0.1（24 小时最大值） | 沸点（℃）：117<br>CAS：71-36-3<br>有类似杂醇油的气味。有刺激性，易燃，其蒸气与空气可形成爆炸性混合物，遇明火、高热能引起燃烧爆炸 |
| 39 | 丁二烯 | 便携式气相色谱-质谱联用分析仪 | 苏联《居民区大气污染物最高允许浓度》（CH 245—71） | 3（24 小时最大值） | 沸点（℃）：–4.4<br>CAS：590-19-2<br>带有轻微芳香味的无色气体。易燃，与空气混合能形成爆炸性混合物。接触热源、火星、火焰或氧化剂易燃烧爆炸 |
| 40 | 丁酸 | 便携式气相色谱-质谱联用分析仪 | 苏联《居民区大气污染物最高允许浓度》（CH 245—71） | 0.015（24 小时最大值） | 沸点（℃）：164.35<br>CAS：107-92-6<br>具有刺激性及难闻的气味。可引起皮肤、眼睛或黏膜的中度刺激性损害 |

| 序号 | 监测项目 | 应急监测推荐仪器/方法 | 参考标准 | 标准限值/（$mg/m^3$） | 其他信息 |
|---|---|---|---|---|---|
| 41 | 丁烷 | 便携式气相色谱-质谱联用分析仪 | 苏联《居民区大气污染物最高允许浓度》（CH 245—71） | 200（24 小时最大值） | 沸点（℃）：−0.5<br>CAS：106-97-8<br>有轻微刺激性气味。易燃，与空气混合能形成爆炸性混合物，遇热源和明火有燃烧爆炸的危险 |
| 42 | 丁烯 | 便携式气相色谱-质谱联用分析仪 | 苏联《居民区大气污染物最高允许浓度》（CH 245—71） | 3（24 小时最大值） | 沸点（℃）：−6.9<br>CAS：25167-67-3<br>正丁烯有微弱芳香气味，异丁烯有令人不愉快的臭味，极端易燃气体，与空气混合能形成爆炸性混合物，遇热源和明火有燃烧爆炸的危险 |

| 序号 | 监测项目 | 应急监测推荐仪器/方法 | 参考标准 | 标准限值/（$mg/m^3$） | 其他信息 |
| --- | --- | --- | --- | --- | --- |
| 43 | 二甲二硫醚 | ①便携式气相色谱-质谱联用分析仪；<br>②开放光程紫外多气体监测仪 | 苏联《居民区大气污染物最高允许浓度》（CH 245—71） | 0.07<br>（24 小时最大值） | 沸点（℃）：109.6<br>有类似甲硫醇的臭气味，其蒸气与空气可形成爆炸性混合物，遇明火、高热极易燃烧爆炸 |
| 44 | 二甲硫醚 | ①便携式气相色谱-质谱联用分析仪；<br>②开放光程紫外多气体监测仪 | 苏联《居民区大气污染物最高允许浓度》（CH 245—71） | 0.03<br>（24 小时最大值） | 沸点（℃）：38<br>有令人不愉快的气味，高度易燃，与空气能形成爆炸性混合物，遇明火、高热易燃烧爆炸 |
| 45 | 二氯乙烷 | 便携式气相色谱-质谱联用分析仪 | 苏联《居民区大气污染物最高允许浓度》（CH 245—71） | 3<br>（24 小时最大值） | 沸点（℃）：83.7<br>CAS：1300-21-6<br>有类似氯仿的气味，其蒸气与空气可形成爆炸性混合物，遇明火、高热能引起燃烧爆炸 |

| 序号 | 监测项目 | 应急监测推荐仪器/方法 | 参考标准 | 标准限值/（$mg/m^3$） | 其他信息 |
|---|---|---|---|---|---|
| 46 | 氟利昂-11 | 便携式气相色谱-质谱联用分析仪 | 苏联《居民区大气污染物最高允许浓度》（CH 245—71） | 100（24 小时最大值） | 沸点（℃）：23.8<br>CAS：75-69-4<br>无臭，吸入有害 |
| 47 | 氟利昂-12 | 便携式气相色谱-质谱联用分析仪 | 苏联《居民区大气污染物最高允许浓度》（CH 245—71） | 100（24 小时最大值） | 沸点（℃）：−29.8<br>无臭、无味，可破坏高层大气中的臭氧，危害公共健康和环境 |
| 48 | 氟利昂-21 | 便携式气相色谱-质谱联用分析仪 | 苏联《居民区大气污染物最高允许浓度》（CH 245—71） | 100（24 小时最大值） | 沸点（℃）：8.9<br>对臭氧层有危害 |

| 序号 | 监测项目 | 应急监测推荐仪器/方法 | 参考标准 | 标准限值/（$mg/m^3$） | 其他信息 |
|---|---|---|---|---|---|
| 49 | 氟利昂-22 | 便携式气相色谱-质谱联用分析仪 | 苏联《居民区大气污染物最高允许浓度》（CH 245—71） | 100（24 小时最大值） | 沸点（℃）：–40.8<br>近似无臭的气体，低毒性 |
| 50 | 环己醇 | 便携式气相色谱-质谱联用分析仪 | 苏联《居民区大气污染物最高允许浓度》（CH 245—71） | 0.04（24 小时最大值） | 沸点（℃）：159.6<br>CAS：108-93-0<br>有类似樟脑的气味，对人的眼睛、鼻子、咽喉有刺激作用 |
| 51 | 环己酮 | 便携式气相色谱-质谱联用分析仪 | 苏联《居民区大气污染物最高允许浓度》（CH 245—71） | 0.06（24 小时最大值） | 沸点（℃）：155.75<br>CAS：108-94-1<br>带泥土气息，易燃，遇高热、明火有引起燃烧的危险。含痕量酚时，带薄荷味。不纯物长时间存放会有强烈的刺鼻臭味 |

| 序号 | 监测项目 | 应急监测推荐仪器/方法 | 参考标准 | 标准限值/（$mg/m^3$） | 其他信息 |
| --- | --- | --- | --- | --- | --- |
| 52 | 环己烷 | 便携式气相色谱-质谱联用分析仪 | 苏联《居民区大气污染物最高允许浓度》（CH 245—71） | 1.4（24 小时最大值） | 沸点（℃）：80.7<br>CAS：110-82-7<br>易挥发和极易燃烧，其蒸气与空气可形成爆炸性混合物 |
| 53 | 甲基苯胺 | 便携式气相色谱-质谱联用分析仪 | 苏联《居民区大气污染物最高允许浓度》（CH 245—71） | 0.04（24 小时最大值） | 沸点（℃）：200.4<br>吸入、皮肤接触及吞食有毒 |
| 54 | 甲基硫醇 | 便携式气相色谱-质谱联用分析仪 | 苏联《居民区大气污染物最高允许浓度》（CH 245—71） | $9\times10^{-6}$（24 小时最大值） | 沸点（℃）：6<br>具有令人不愉快的臭味，易燃气体，能与空气形成爆炸性混合物 |

| 序号 | 监测项目 | 应急监测推荐仪器/方法 | 参考标准 | 标准限值/（$mg/m^3$） | 其他信息 |
| --- | --- | --- | --- | --- | --- |
| 55 | 金属汞 | 便携式测汞仪 | 苏联《居民区大气污染物最高允许浓度》（CH 245—71） | 0.000 3（昼夜平均值） | 沸点（℃）：356.72<br>CAS：7439-97-6<br>具有挥发性，汞蒸气吸入肺部后，会对中枢神经系统造成伤害 |
| 56 | 糠醛 | 便携式气相色谱-质谱联用分析仪 | 苏联《居民区大气污染物最高允许浓度》（CH 245—71） | 0.05（24 小时最大值） | 沸点（℃）：161.7<br>CAS：98-01-1<br>有类似苯甲醛的特殊气味。与皮肤接触有害。会刺激眼睛和呼吸系统 |
| 57 | 六氯苯 | 便携式气相色谱-质谱联用分析仪 | 苏联《居民区大气污染物最高允许浓度》（CH 245—71） | 0.03（24 小时最大值） | 沸点（℃）：822<br>CAS：118-74-1<br>可引起眼刺激、烧灼感、口鼻发干、疲乏、头痛、恶心等症状 |

| 序号 | 监测项目 | 应急监测推荐仪器/方法 | 参考标准 | 标准限值/（$mg/m^3$） | 其他信息 |
|---|---|---|---|---|---|
| 58 | 氯苯 | 携式气相色谱-质谱联用分析仪 | 苏联《居民区大气污染物最高允许浓度》（CH 245—71） | 0.1（24 小时最大值） | 沸点（℃）：132.2<br>CAS：108-90-7<br>具有苦杏仁味，对皮肤和黏膜有刺激性 |
| 59 | 萘 | 便携式气相色谱-质谱联用分析仪 | 苏联《居民区大气污染物最高允许浓度》（CH 245—71） | 0.003（24 小时最大值） | 沸点（℃）：221.5<br>CAS：91-20-3<br>具有刺激的香樟木气味 |
| 60 | 汽油（低硫石油气，以C计） | 便携式 TVOC 气体检测仪 | 苏联《居民区大气污染物最高允许浓度》（CH 245—71） | 5（24 小时最大值） | 易燃易爆 |

| 序号 | 监测项目 | 应急监测推荐仪器/方法 | 参考标准 | 标准限值/（$mg/m^3$） | 其他信息 |
| --- | --- | --- | --- | --- | --- |
| 61 | 氢氰酸 | 电化学法 | 苏联《居民区大气污染物最高允许浓度》（CH 245—71） | 0.01（昼夜平均值） | 沸点（℃）：26<br>CAS：74-90-8<br>具有苦杏仁味的剧毒物质，吸入有害 |
| 62 | 噻吩 | 便携式气相色谱-质谱联用分析仪 | 苏联《居民区大气污染物最高允许浓度》（CH 245—71） | 0.6（24 小时最大值） | 沸点（℃）：84.2<br>CAS：110-02-1<br>有刺鼻气味。易燃，有毒，会刺激眼睛。经皮肤吸收或吸入其蒸气会中毒 |
| 63 | 三甲基苯酚 | 便携式气相色谱-质谱联用分析仪 | 苏联《居民区大气污染物最高允许浓度》（CH 245—71） | 0.005（24 小时最大值） | 沸点（℃）：220<br>是腐蚀性物品，会导致灼伤 |

| 序号 | 监测项目 | 应急监测推荐仪器/方法 | 参考标准 | 标准限值/（$mg/m^3$） | 其他信息 |
|---|---|---|---|---|---|
| 64 | 三氯乙烯 | 便携式气相色谱-质谱联用分析仪 | 苏联《居民区大气污染物最高允许浓度》（CH 245—71） | 4<br>（24 小时最大值） | 沸点（℃）：87.1<br>CAS：79-01-6<br>有类似氯仿的气味。可燃，有毒，具刺激性 |
| 65 | 三乙胺 | 便携式气相色谱-质谱联用分析仪 | 苏联《居民区大气污染物最高允许浓度》（CH 245—71） | 0.14<br>（24 小时最大值） | 沸点（℃）：89.5<br>CAS：121-44-8<br>有强烈氨臭。易燃，对呼吸道有强烈的刺激性 |
| 66 | 砷（除砷化氢以外的无机化合物，以 As 计） | 车载电感耦合等离子体质谱仪 | 苏联《居民区大气污染物最高允许浓度》（CH 245—71） | 0.003<br>（昼夜平均值） | 沸点（℃）：615<br>可引起流泪、咳嗽、胸闷、呼吸困难、眩晕、乏力等症状 |

| 序号 | 监测项目 | 应急监测推荐仪器/方法 | 参考标准 | 标准限值/（$mg/m^3$） | 其他信息 |
|---|---|---|---|---|---|
| 67 | 四氯化碳 | 便携式气相色谱-质谱联用分析仪 | 苏联《居民区大气污染物最高允许浓度》（CH 245—71） | 4<br>（24 小时最大值） | 沸点（℃）：76.8<br>CAS：56-23-5<br>具有特殊的芳香气味，味甜，其高浓度蒸气对黏膜有轻度刺激作用 |
| 68 | 四氢呋喃 | 便携式气相色谱-质谱联用分析仪 | 苏联《居民区大气污染物最高允许浓度》（CH 245—71） | 0.2<br>（24 小时最大值） | 沸点（℃）：66<br>CAS：109-99-9<br>有类似乙醚的气味。极度易燃，具刺激性，吸入后可引起上呼吸道刺激、恶心、头晕、头疼等症状。燃烧产生一氧化碳 |
| 69 | 戊烷 | 便携式气相色谱-质谱联用分析仪 | 苏联《居民区大气污染物最高允许浓度》（CH 245—71） | 100<br>（24 小时最大值） | 沸点（℃）：36<br>CAS：109-66-0<br>有微弱的薄荷香味。其高浓度蒸气可引起眼睛和呼吸道黏膜轻度刺激性症状和麻醉状态，甚至会导致意识丧失 |

| 序号 | 监测项目 | 应急监测推荐仪器/方法 | 参考标准 | 标准限值/（$mg/m^3$） | 其他信息 |
| --- | --- | --- | --- | --- | --- |
| 70 | 硝基氯苯（对位和邻位） | 便携式气相色谱-质谱法 | 苏联《居民区大气污染物最高允许浓度》（CH 245—71） | 0.004（昼夜平均值） | 沸点（℃）：242<br>CAS：25167-93-5<br>有剧毒，经皮肤吸收或吸入其蒸气均可引起中毒 |
| 71 | 硝酸 | 车载离子色谱仪 | 苏联《居民区大气污染物最高允许浓度》（CH 245—71） | 以 $HNO_3$ 分子计 0.4（24 小时最大值）；以氢离子计 0.006（24 小时最大值） | CAS：52583-42-3<br>有令人窒息的气味。属腐蚀性物品，在空气中猛烈发烟并吸收水分 |

| 序号 | 监测项目 | 应急监测推荐仪器/方法 | 参考标准 | 标准限值/（$mg/m^3$） | 其他信息 |
| --- | --- | --- | --- | --- | --- |
| 72 | 乙胺 | 便携式气相色谱-质谱联用分析仪 | 苏联《居民区大气污染物最高允许浓度》（CH 245—71） | 0.01（24 小时最大值） | 沸点（℃）：16.6<br>CAS：75-04-7<br>有氨的气味。接触乙胺蒸气可产生眼部刺激、角膜损伤和上呼吸道刺激 |
| 73 | 乙醇 | 便携式气相色谱-质谱联用分析仪 | 苏联《居民区大气污染物最高允许浓度》（CH 245—71） | 5（24 小时最大值） | 沸点（℃）：78.3<br>CAS：64-17-5<br>易燃，其蒸气与空气混合可形成爆炸性混合物 |
| 74 | 己二胺 | 便携式气相色谱-质谱联用分析仪 | 苏联《居民区大气污染物最高允许浓度》（CH 245—71） | 0.001（24 小时最大值） | 沸点（℃）：116<br>CAS：107-15-3<br>有类似氨的气味。其蒸气对黏膜和皮肤有强烈刺激性 |

| 序号 | 监测项目 | 应急监测推荐仪器/方法 | 参考标准 | 标准限值/（$mg/m^3$） | 其他信息 |
| --- | --- | --- | --- | --- | --- |
| 75 | 己基苯 | 便携式气相色谱-质谱联用分析仪 | 苏联《居民区大气污染物最高允许浓度》（CH 245—71） | 0.02（24 小时最大值） | 沸点（℃）：136.2<br>CAS：100-41-4<br>有芳香气味。遇明火、高热或与氧化剂接触，有引起燃烧爆炸的危险。对皮肤、黏膜有较强刺激性 |
| 76 | 乙烯 | 便携式气相色谱仪 | 苏联《居民区大气污染物最高允许浓度》（CH 245—71） | 3（24 小时最大值） | 沸点（℃）：−103.9<br>CAS：74-85-1<br>略具烃类特有的臭味，少量乙烯具有淡淡的甜味，易燃，具有较强的麻醉作用 |
| 77 | 异丙苯 | 便携式气相色谱-质谱联用分析仪 | 苏联《居民区大气污染物最高允许浓度》（CH 245—71） | 0.014（24 小时最大值） | 沸点（℃）：152.41<br>无色，有特殊芳香气味的液体。会刺激皮肤和黏膜，有较强的麻醉作用 |

| 序号 | 监测项目 | 应急监测推荐仪器/方法 | 参考标准 | 标准限值/（$mg/m^3$） | 其他信息 |
|---|---|---|---|---|---|
| 78 | 异丙醇 | 便携式气相色谱-质谱联用分析仪 | 苏联《居民区大气污染物最高允许浓度》（CH 245—71） | 0.6（24 小时最大值） | 沸点（℃）：82.5<br>CAS：71-23-8<br>可燃的刺激性物质，其蒸气可能导致嗜睡和昏厥 |
| 79 | 异辛醇 | 便携式气相色谱-质谱联用分析仪 | 苏联《居民区大气污染物最高允许浓度》（CH 245—71） | 0.15（24 小时最大值） | 沸点（℃）：183<br>CAS：26952-21-6<br>有甜味和淡淡的花香。对眼睛有强烈的刺激作用，可致眼睛损害；可引起皮肤的过敏反应 |

注：1. 本表所推荐的仪器/方法为突发环境事件空气应急监测时相应项目可以采用的快速监测仪器/方法，仅供参考。

2. 本表推荐：突发环境事件空气应急监测时的评价标准限值，采用适用于居住区、商业交通居民混合区、文化区、工业区和农村地区的二级浓度限值作为参考，有特殊功能区划的区域，应当参考相应功能区所要求的浓度限值进行超标倍数评价。

无组织排放污染物应急监测仪器/方法见表 2-2。

表 2-2　无组织排放污染物应急监测仪器/方法一览表

| 序号 | 监测项目 | 应急监测推荐仪器/方法 | 推荐标准 | 标准限值/（$mg/m^3$） | 其他信息 |
| --- | --- | --- | --- | --- | --- |
| 1 | 二氧化硫 | ①电化学传感器；<br>②检测管法 | 《大气污染物综合排放标准》（GB 16297—1996） | 0.40 | 沸点（℃）：−10<br>CAS：7446-09-5<br>有刺激性臭味，在 1～3ppm 时多数人开始感到刺激 |
| 2 | 氮氧化物 | ①便携式气体检测箱、检测管；<br>②电化学传感器 | 《大气污染物综合排放标准》（GB 16297—1996） | 0.12 | 吸入气体可刺激肺部，有眼睛及上呼吸道刺激性症状 |
| 3 | 颗粒物 | ①光散射法；<br>②便携式颗粒物分析仪 | 《大气污染物综合排放标准》（GB 16297—1996） | 碳黑尘、染料尘肉眼不可见，其他 1.0 | — |

| 序号 | 监测项目 | 应急监测推荐仪器/方法 | 推荐标准 | 标准限值/（$mg/m^3$） | 其他信息 |
| --- | --- | --- | --- | --- | --- |
| 4 | 氯化氢 | 电化学传感器 | 《大气污染物综合排放标准》（GB 16297—1996） | 0.20 | 沸点（℃）：−85.1<br>CAS：7647-01-0<br>有窒息性的气味。对上呼吸道有强烈刺激，对眼睛、皮肤、黏膜有腐蚀性作用 |
| 5 | 铬酸雾 | 车载离子色谱仪 | 《大气污染物综合排放标准》（GB 16297—1996） | 0.006 0 | 可引起过敏性皮炎或湿疹 |
| 6 | 硫酸雾 | 车载离子色谱仪 | 《大气污染物综合排放标准》（GB 16297—1996） | 1.2 | 可随飘尘直接进入肺泡 |
| 7 | 氟化物 | 离子选择电极 | 《大气污染物综合排放标准》（GB 16297—1996） | 0.020 | — |

| 序号 | 监测项目 | 应急监测推荐仪器/方法 | 推荐标准 | 标准限值/（$mg/m^3$） | 其他信息 |
|---|---|---|---|---|---|
| 8 | 氯气 | 电化学传感器 | 《大气污染物综合排放标准》（GB 16297—1996） | 0.40 | 沸点（℃）：–34<br>CAS：7782-50-5<br>有强烈刺激性气味的黄绿色剧毒气体。有毒性，会对上呼吸道黏膜造成损害 |
| 9 | 铅及其化合物 | ①车载电感耦合等离子体质谱仪；<br>②车载便携式 X 射线荧光光谱法 | 《大气污染物综合排放标准》（GB 16297—1996） | 0.006 0 | — |
| 10 | 汞及其化合物 | 便携式测汞仪 | 《大气污染物综合排放标准》（GB 16297—1996） | 0.001 2 | 可导致消化系统及肾脏损害、急性间质性肺炎与细支气管炎 |

| 序号 | 监测项目 | 应急监测推荐仪器/方法 | 推荐标准 | 标准限值/（$mg/m^3$） | 其他信息 |
| --- | --- | --- | --- | --- | --- |
| 11 | 镉及其化合物 | ①车载电感耦合等离子体质谱仪；<br>②车载便携式 X 射线荧光光谱法 | 《大气污染物综合排放标准》（GB 16297—1996） | 0.040 | 可引起以肾小管病变为主的肾脏损害 |
| 12 | 铍及其化合物 | 车载电感耦合等离子体质谱仪 | 《大气污染物综合排放标准》（GB 16297—1996） | 0.000 8 | 经呼吸道吸入会中毒 |
| 13 | 镍及其化合物 | ①车载电感耦合等离子体质谱仪；<br>②车载式 X 射线荧光光谱法 | 《大气污染物综合排放标准》（GB 16297—1996） | 0.040 | 引起过敏性肺炎及支气管炎。引起红色丘疹，奇痒 |

| 序号 | 监测项目 | 应急监测推荐仪器/方法 | 推荐标准 | 标准限值/（$mg/m^3$） | 其他信息 |
|---|---|---|---|---|---|
| 14 | 锡及其化合物 | ①车载电感耦合等离子体质谱仪；<br>②车载式 X 射线荧光光谱法 | 《大气污染物综合排放标准》（GB 16297—1996） | 0.24 | 可引起咳嗽、咳痰、胸闷、恶心、呕吐、腹泻等症状 |
| 15 | 苯 | 便携式气相色谱-质谱联用分析仪 | 《大气污染物综合排放标准》（GB 16297—1996） | 0.40 | 沸点（℃）：80.1<br>CAS：71-43-2<br>具有强烈的芳香气味。苯的挥发性大，暴露于空气中很容易扩散，急性中毒会产生神经痉挛甚至昏迷、死亡 |
| 16 | 甲苯 | ①便携式气相色谱-质谱联用分析仪；<br>②开放光程紫外多气体监测仪 | 《大气污染物综合排放标准》（GB 16297—1996） | 2.4 | 沸点（℃）：–94.9<br>CAS：108-88-3<br>无色、带特殊芳香味的易挥发液体。对眼睛及上呼吸道有明显的刺激作用 |

| 序号 | 监测项目 | 应急监测推荐仪器/方法 | 推荐标准 | 标准限值/（$mg/m^3$） | 其他信息 |
|---|---|---|---|---|---|
| 17 | 二甲苯 | ①便携式气相色谱-质谱联用分析仪；<br>②开放光程紫外多气体监测仪 | 《大气污染物综合排放标准》（GB 16297—1996） | 1.2 | 沸点（℃）：137<br>CAS：1330-20-7<br>有刺激性气味。对眼睛及上呼吸道有刺激作用，高浓度时，对中枢系统有麻醉作用 |
| 18 | 酚类 | 便携式气相色谱-质谱联用分析仪 | 《大气污染物综合排放标准》（GB 16297—1996） | 0.080 | 恶臭物质。毒性很强。可导致全身中毒 |
| 19 | 甲醛 | 电化学传感器 | 《大气污染物综合排放标准》（GB 16297—1996） | 0.20 | 沸点（℃）：−19.5<br>CAS：50-00-0<br>无色的有刺激性气味的气体。对皮肤、黏膜有刺激作用 |

| 序号 | 监测项目 | 应急监测推荐仪器/方法 | 推荐标准 | 标准限值/（$mg/m^3$） | 其他信息 |
|---|---|---|---|---|---|
| 20 | 乙醛 | 便携式气相色谱仪 | 《大气污染物综合排放标准》（GB 16297—1996） | 0.040 | 沸点（℃）：20.8<br>CAS：75-07-0<br>有刺激性气味 |
| 21 | 丙烯腈 | 便携式气体检测箱、检测管 | 《大气污染物综合排放标准》（GB 16297—1996） | 0.60 | 沸点（℃）：77.3<br>CAS：107-13-1<br>无色的有刺激性气味的有毒液体 |
| 22 | 丙烯醛 | 便携式气相色谱-质谱联用分析仪 | 《大气污染物综合排放标准》（GB 16297—1996） | 0.40 | 沸点（℃）：52.5<br>CAS：107-02-8<br>其蒸气有很强的刺激性和催泪性。有强烈刺激性。吸入其蒸气损害呼吸道，会出现咽喉炎、胸部压迫感、支气管炎等症状 |

| 序号 | 监测项目 | 应急监测推荐仪器/方法 | 推荐标准 | 标准限值/（$mg/m^3$） | 其他信息 |
|---|---|---|---|---|---|
| 23 | 氰化氢 | 电化学传感器 | 《大气污染物综合排放标准》（GB 16297—1996） | 0.024 | 沸点（℃）：26<br>CAS：74-90-8<br>具有苦杏仁味。属剧毒物质，吸入有害 |
| 24 | 甲醇 | 便携式气相色谱仪 | 《大气污染物综合排放标准》（GB 16297—1996） | 12 | CAS：67-56-1<br>可引起咳嗽、咽痛、胸闷、呼吸困难等症状 |
| 25 | 苯胺类 | 便携式气相色谱-质谱联用分析仪 | 《大气污染物综合排放标准》（GB 16297—1996） | 0.40 | 沸点（℃）：184.4<br>有强烈气味。急性中毒主要会引起高铁血红蛋白血症和肝、肾及皮肤损害 |
| 26 | 氯苯类 | 便携式气相色谱-质谱联用分析仪 | 《大气污染物综合排放标准》（GB 16297—1996） | 0.40 | 沸点（℃）：132.2<br>具有苦杏仁味。对皮肤和黏膜有刺激性 |
| 27 | 硝基苯类 | 便携式气相色谱法 | 《大气污染物综合排放标准》（GB 16297—1996） | 0.040 | 沸点（℃）：210<br>具有苦杏仁味。可导致气短、眩晕、恶心、昏厥、神志不清、皮肤发蓝，最后会因呼吸衰竭而死 |

| 序号 | 监测项目 | 应急监测推荐仪器/方法 | 推荐标准 | 标准限值/（$mg/m^3$） | 其他信息 |
| --- | --- | --- | --- | --- | --- |
| 28 | 氯乙烯 | 便携式气相色谱-质谱联用分析仪 | 《大气污染物综合排放标准》（GB 16297—1996） | 0.60 | 沸点（℃）：−13.4<br>CAS：75-01-4<br>有乙醚香味的气体。有毒，中毒时病人会出现眩晕、胸闷、嗜睡、步态蹒跚等症状。其蒸气与空气可形成爆炸混合物 |
| 29 | 苯并[*a*]芘 | 车载液相色谱仪 | 《大气污染物综合排放标准》（GB 16297—1996） | 0.000 008 | 沸点（℃）：475<br>对眼睛、皮肤有刺激作用 |
| 30 | 光气 | 电化学传感器 | 《大气污染物综合排放标准》（GB 16297—1996） | 0.080 | 沸点（℃）：7.48<br>CAS：75-44-5<br>具有强烈的刺激性气味或窒息性气味。可导致化学性支气管炎、肺炎、肺水肿 |

| 序号 | 监测项目 | 应急监测推荐仪器/方法 | 推荐标准 | 标准限值/（$mg/m^3$） | 其他信息 |
| --- | --- | --- | --- | --- | --- |
| 31 | 非甲烷总烃 | 便携式非甲烷总烃分析仪 | 《大气污染物综合排放标准》（GB 16297—1996） | 4.0 | 具特殊气味。会刺激眼睛和呼吸道，使皮肤过敏，可产生头痛、咽痛与乏力等症状，并具毒性、刺激性 |

注：1．本手册推荐采用《大气污染物综合排放标准》（GB 16297—1996）中对新污染源大气污染物排放限值的要求作为应急监测时事态评价的参考标准限值。采样时间参考《大气污染物无组织排放监测技术导则》（HJ/T 55—2000）要求，一般为连续 1 小时采样一次。

2．推荐的仪器/方法为应急监测时无组织排放监测点可以采用的快速监测仪器/方法，仅供参考。

## 2.5 突发环境事件空气应急监测的报告编制

### 2.5.1 报告内容

监测报告要明确监测结论，监测结论应包括主要污染物、厂界或事故周边及敏感点各污染物浓度、污染程度、污染范围、污染扩散情况。通过分析，研判污染扩散趋势和对敏感点的影响。

### 2.5.2 数据表征

包括污染物浓度的空间变化趋势图（同一时间不同点位污染物浓度的空间变化趋势）和时间变化趋势图（同一点位污染物浓度的时间变化趋势），趋势图中应显示污染物的标准限值线。趋势图一般以折线图表示，每个趋势图中可包括一条或多条折线。

### 2.5.3 评价标准

敏感点优先执行地方环境质量标准，无地方环境质量标准的，执行《环境空气质量标准》（GB 3095—2012）或《环境影响评价技术导则　大气环境》（HJ 2.2—2018）附录 D。前述标准未涵盖的项目，可参考苏联《居民区大气污染物最高允许浓度》。厂界或事故点周边优先执行污染物排放的地方标准和行业标准，无相关前述标准的，执行《大气污染综合排放标准》（GB 16297—1996）及《恶臭污染物排放标准》（GB 14554—93）。前述标准未涵盖的监测项目，参考上风向或背景点进行评价。涉及人员疏散等应急决策时，可参考《化工企业定量风险评价导则》（AQT 3046—2013）附录 H。

## 2.6 突发环境事件空气应急监测的终止

当应急组织指挥机构终止应急响应或批准应急监测终止建议时，方可终止应急监测。根据《突发环境事件应急监测技术规范》（HJ 589—2021）要求，凡符合下列情形之一的，可向应急组织指挥机构提出应急监测终止建议：

a）最近一次应急监测方案中全部监测点位特征污染物的连续 3 次以上监测结果均达到评价标准或要求；

b）最近一次应急监测方案中全部监测点位特征污染物的连续 3 次以上监测结果均恢复到本底值或背景点位水平；

c）应急专家组认为可以终止的情形。

# 附录I 《化工企业定量风险评价导则》附录H摘选

ERPG-1：空气中的最高浓度低于该值就可以认为，几乎所有人都能暴露于其中1小时，除了轻微的、短暂的、有害于健康的影响，或明显感觉到令人讨厌的气味，而没有其他影响。

ERPG-2：空气中的最高浓度低于该值就可以认为，几乎所有人都能暴露于其中1小时，不会逐步显示出不可逆转或其他严重的健康影响，或者削弱他们采取防护行动的能力。

ERPG-3：空气中的最高浓度低于该值就可以认为，几乎所有人都能暴露于其中1小时，不会逐步显示出危及生命健康的影响。

人员疏散判断依据：低于ERPG-1限值属于安全状态，大于ERPG-1限值小于ERPG-2限值应采取必要的防护措施，大于ERPG-2限值小于ERPG-3限值视现场情况建议疏散，大于ERPG-3限值应强制疏散。

附表 H.1　部分物质应急响应计划指南

| 序号 | 污染物 | 单位：ppm | | | ppm 转化为 $mg/m^3$ 系数 |
|---|---|---|---|---|---|
| | | ERPG-1 | ERPG-2 | ERPG-3 | |
| 1 | 苯 | 50 | 150 | 1 000 | 3.19 |
| 2 | 苯乙烯 | 50 | 250 | 1 000 | 4.26 |
| 3 | 丙酮 | 200 | 3 200 | 5 700 | 2.37 |
| 4 | 丙烯腈 | NA | 35 | 75 | 2.17 |
| 5 | 丙烯醛 | 0.1 | 0.5 | 3 | 2.29 |
| 6 | 二硫化碳 | 1 | 50 | 500 | 3.11 |
| 7 | 二氧化硫 | 0.3 | 3 | 15 | 2.62 |
| 8 | 二氧化氯 | NA | 0.5 | 3 | 2.76 |
| 9 | 二乙基苯 | 10 | 100 | 500 | 5.49 |
| 10 | 光气 | NA | 0.2 | 1 | 4.04 |
| 11 | 甲苯 | 50 | 300 | 1 000 | 3.77 |

| 序号 | 污染物 | 单位：ppm | | | ppm 转化为 $mg/m^3$ 系数 |
|---|---|---|---|---|---|
| | | ERPG-1 | ERPG-2 | ERPG-3 | |
| 12 | 甲醇 | 200 | 1 000 | 5 000 | 1.31 |
| 13 | 甲醛 | 1 | 10 | 25 | 1.23 |
| 14 | 硫化氢 | 0.1 | 30 | 100 | 1.39 |
| 15 | 氯苯 | 1 | 10 | 25 | 4.6 |
| 16 | 氯化氢 | 3 | 20 | 100 | 1.49 |
| 17 | 氯气 | 1 | 3 | 20 | 2.9 |
| 18 | 氯乙烯 | 500 | 5 000 | 20 000 | 2.55 |
| 19 | 氰化氢 | NA | 15 | 25 | 1.1 |
| 20 | 三氯乙烯 | 100 | 500 | 5 000 | 5.37 |
| 21 | 四氯化碳 | 20 | 100 | 750 | 6.29 |
| 22 | 四氢呋喃 | 100 | 500 | 5 000 | 2.95 |
| 23 | 五氧化二磷 | 5 $mg/m^3$ | 35 $mg/m^3$ | 100 $mg/m^3$ | 5.8 |
| 24 | 硝酸 | 1 | 6 | 78 | 2.58 |

| 序号 | 污染物 | 单位：ppm | | | ppm 转化为 $mg/m^3$ 系数 |
|---|---|---|---|---|---|
| | | ERPG-1 | ERPG-2 | ERPG-3 | |
| 25 | 一氧化碳 | 200 | 350 | 500 | 1.14 |
| 26 | 乙醛 | 10 | 200 | 1 000 | 1.8 |
| 27 | 乙酸 | 5 | 35 | 250 | 2.45 |
| 28 | 异辛醇 | 0.1 | 100 | 200 | 5.32 |

注：1．除非单独注明，ERPG 值的单位均为 $10^{-6}$

2．NA 表示尚未分析。

3．表 H.1 中所述物质的 ERPG 值由美国工业卫生协会于 2008 年 1 月 1 日公布，ERPG 值定期更新，宜使用最新的 ERPG 值。

# 附录II　编制依据

《关于加强生态环境应急监测工作的意见》（环办监测〔2018〕40 号）

《生态环境应急监测能力建设指南》（环办监测函〔2020〕597 号）

《重特大突发水环境事件应急监测工作规程》（环办监测函〔2020〕543 号）

《重特大突发环境事件空气应急监测工作规程》（环办监测函〔2022〕231 号）

《突发环境事件应急监测技术规范》（HJ 589—2021）

《地表水环境质量标准》（GB 3838—2002）

《地表水环境质量监测技术规范》（HJ 91.2—2022）

《污水监测技术规范》（HJ 91.1—2019）

《生态环境应急监测评价标准选用指南》

《生态环境应急监测方法选用指南》

《环境空气质量标准》（GB 3095—2012）

《环境影响评价技术导则　大气环境》（HJ 2.2—2018）

《大气污染物综合排放标准》（GB 16297—1996）

《大气污染物无组织排放监测技术导则》（HJ/T 55—2000）

《居民区大气污染物最高允许浓度》（苏联 CH 245—71）

《恶臭污染物排放标准》（GB 14554—93）

《化工企业定量风险评价导则》（AQT 3046—2013）

《环境空气质量手工监测技术规范》（HJ 194—2017）